江苏专利实力指数报告2014

江苏省知识产权研究会　主编

知识产权出版社
全国百佳图书出版单位

图书在版编目（CIP）数据

江苏专利实力指数报告. 2014 / 江苏省知识产权研究会主编. —北京：知识产权出版社，2014. 10

ISBN 978-7-5130-3047-2

Ⅰ. ①江… Ⅱ. ①江… Ⅲ. ①专利—指数—研究报告—江苏省—2014 Ⅳ. ①G306.72

中国版本图书馆CIP数据核字(2014)第228771号

内容提要

《江苏专利实力指数报告》自2014年开始编制并将持续对外发布。报告致力于将统计学分析方法引入到专利数据挖掘中，力争揭示影响地区专利实力差异的各类因素，为知识产权理论和政策研究人员、实务工作者及相关社会公众提供尽可能详实、客观的数据和结论。

责任编辑：李德升　　**责任出版：**孙婷婷

江苏专利实力指数报告2014

江苏省知识产权研究会　主编

出版发行：知识产权出版社有限责任公司	**网　　址：**http：// www. ipph. cn
电　　话：010－82004826	http：//www. laichushu. com
社　　址：北京市海淀区马甸南村1号	**邮　　编：**100088
责编电话：010－82000860转8355	**责编邮箱：**lidesheng@cnipr. com
发行电话：010－82000860转8101 / 8029	**发行传真：**010－82000893 / 82003279
印　　刷：北京中献拓方科技发展有限公司	**经　　销：**各大网上书店、新华书店及相关专业书店
开　　本：720mm×960mm　1/16	**印　　张：**6.5
版　　次：2014年10月第1版	**印　　次：**2014年10月第1次印刷
字　　数：85千字	**定　　价：**16.00元

ISBN 978－7－5130－3047-2

编委会

主　编：朱　宇

副主编：支苏平　黄志臻　张春平

总审稿：吕阳红

编写组：王亚利　马正风　石　瑛

数据支持：（排名不分先后）

李　勇　陈世林　李兆进　张云芳　邓卫华　陈小林

张卫东　黄红健　张　锋　树　铁　武　毅　徐长春

林　蓉　陈万新　刘宏伟　龚跃鹏　丁　甜　孟云云

高　劼　翟佳雯　张正阳　唐小丽　孟彦娟　李先进

前　言

随着知识产权战略的深入实施，江苏省知识产权创造和运用能力不断提升，专利申请、授权量连续6年保持全国第一，江苏省也正处于由知识产权大省向知识产权强省转变、量质并举的关键时刻，《江苏专利实力指数报告2014》，主要通过对江苏各省辖市专利状况的监测与分析，以此促进各地专利质量的提升和知识产权强省的建设。

《江苏专利实力指数报告》自2014年开始编制并将持续对外发布。报告致力于将统计学分析方法引入到专利数据挖掘中，力争揭示影响地区专利实力差异的各类因素，为知识产权理论和政策研究人员、实务工作者及相关社会公众提供尽可能详实、客观的数据和结论。

本报告在充分征求各方面意见的基础上，提出了由4个一级指标、10个二级指标、34个三级指标构成的江苏省专利实力指标体系。报告采用知识产权相关部门公布的权威数据、行政记录等作为基础数据，从专利创造、专利运用、专利保护、专利环境四个方面对2013年江苏省各地区专利实力进行了分析。

《江苏专利实力指数报告2014》是多方支持与合作的集体成果，报告在指标体系构建、数据获取方面获得了国家知识产权局相关部门、江苏省知识产权联席会议各成员单位、江苏省知识产权局各处（室）、江苏省专利信息服务中心相关部门、江苏省各省辖市知识产权局的大力支持和通力配合，在此一并致谢。

由于时间有限，《江苏专利实力指数报告2014》难免存在疏漏与不足，恳请社会各界提出宝贵意见。

江苏省知识产权研究会

2014年7月

目 录
Contents

表目录

图目录

第一章 绪 论

一、指数报告编制背景及意义

随着世界技术变革和产业革命进程的进一步加快，全球进入更加空前的创新竞争和产业加速变革时代。知识产权，特别是专利已经成为各国各地区增强竞争力的重要资源，一些国家凭借其在知识产权领域的优势地位，建立专利壁垒，设立各种技术标准，抢占新的科技、经济发展制高点。作为技术创新的重要成果形式—专利，越来越成为一个国家或地区综合实力的重要标志。一个地区的专利实力经常被作为衡量该地区科技创新能力和经济实力的重要评价指标。对一个地区的专利实力进行评价，能够测度该地区的专利实力与其他地区的相对位置，探究影响专利实力的因素，以便于制定针对性的措施，进一步提升该地区的专利实力和科技竞争力。

江苏省作为我国的一个经济大省，专利事业取得了很大的进展，专利产出质量稳中有升、专利保护成效显著、专利发展环境逐步完善、专利转化应用不断取得新成效，但仍然存在许多薄弱环节，突出表现在专利质量还不够高、专利结构仍需优化、专利价值亟待提升、专利执法能力仍显不足、专利服务业发展水平相对滞后等方面。面对新一轮的以知识产权竞争优势为主导的知识经济发展机遇，江苏要想一如既往地把握先机，赢得发展的主动权，建设知识产权强省就需要认清全省专利发展的现状，准确把握专利创造、运用、保护和管理等环节的优势和劣势，尤其是掌握专利的综合实力。因此，设计一套指标体系来评价江苏省的地区专利实力，反映江苏省各省辖市专利发展状况，分析各地区专利工作的强项和弱项，进而有针对性地采取措施，提高专利质量，提升科技实力，最终提升江苏省经济发展水平。

二、国内外相关研究现状

国际上许多发达国家对专利指标的研究和利用十分重视，已有多年的理论研究和实践经验，他们建立专利专题数据库，不断进行深入的专利跟踪调查和分析。一些发达国家和地区先后提出了振兴经济、增强国际竞争力的知识产权发展战略。20世纪80年代，美国把知识产权作为振兴国家经济的一项战略举措。2005年Economists Incorporated在其发布的报告中认为知识产权是美国经济增长的引擎；2012年3月，美国商务部发布了一份名为《聚焦知识产权和美国经济产业》的综合报告，报告中使用“专利密集度”这一指标来衡量各个产业专利这一知识产权形式的使用水平，由此确定了专利密集型产业，并分析了专利密集型产业的特征以及对美国经济增长的贡献。2002年，日本提出了“知识产权立国”战略，认为创造、保护和应用知识产权是提高日本国际竞争力的关键。

国内学者围绕专利的统计分析研究成果也比较多，主要集中在专利评价指标的建立、专利实力与经济水平的关系和区域专利实力评价等方面，这些研究成果都直接或间接与专利指标体系的完善有着密切的关系。

（一）专利评价指标的建立

黄庆、曹津燕等（2004）[1]从指标设计、分类、选择和构建等方面对

[1] 黄庆，曹津燕等.专利评价指标体系—— 专利评价指标体系的设计和构建[J].知识产权，2004 (5)：25-28.

专利评价指标体系进行了基础研究，初步建立了一套发明专利评价指标体系，包括专利数量、专利质量、专利价值三大指标，并运用加权平均法构建了专利综合评价模型。曹津燕、肖云鹏等（2004）[1]运用构建的专利综合评价模型对现有专利数据进行了初步分析发现，经过近20年的努力，我国积累了一定数量的专利，具备了一定的专利总体实力，但是我国专利在授权率、存活率、专利寿命及专利权转移率等方面都比国外专利差。魏雪君、葛仁良（2005）[2]在黄庆等人研究的基础上对专利综合评价指标体系进行了优化，他们认为专利评价指标体系应包括投入、产出、运营、保护、效益五大类，进而提出了由5个一级指标和17个二级指标构成的专利指标体系。李利、陈修义（2011）[3]在充分借鉴前人研究成果的基础上，构建了由2个一级指标、8个二级指标组成的专利综合实力评价体系，并借助SPSS统计分析工具，运用主成分分析方法对我国31个省、市、自治区的专利综合实力进行了评价。

（二）专利实力与经济水平的关系

部分学者认为，专利产出与经济增长之间存在长期的协同关系，即专利能促进经济的增长。徐竹青（2004）[4]对部分国家及我国部分地区的专利数据、R&D投入和人均GNP（GDP）进行统计分析，得出专利、创新与经济发展水平密切相关，专利活动对经济增长有明显的贡献。张继红、吴玉鸣（2007）[5]通过动态计量经济学的分布滞后模型、单位根检验模型、协整分析模型和Granger因果检验模型，利用专利产出与经济增长数据，对北京市专利产出与经济增长关联机制进行了实证分析，得出北京市

---

❶ 曹津燕，肖云鹏等.专利评价指标体系二——运用专利评价指标体系中的指标进行数据分析[J].知识产权，2004 (5)：29-34

❷ 魏雪君，葛仁良.我国专利统计指标体系的构建[J].工作视点，2005(8)：55-56

❸ 李利，陈修义.专利综合实力评价及实证研究，2011（3）：89-123

❹ 徐竹青.专利、技术创新与经济增长：理论与实证[J].科技管理研究，2004(5)：109-111.

❺ 张继红，吴玉鸣.专利产出与区域经济增长的动态关联机制分析[J].工业工程与管理，2007 (2)：13-15.

专利产出增长与GDP增长存在长期稳定的动态均衡关系。曾昭法、聂亚菲（2008）[1]采用协整和误差修正模型实证研究了我国1985—2005年专利对我国经济增长的影响，得出专利制度对我国经济增长具有显著的促进作用，且专利对经济增长的影响存在三年的时滞。

另有部分学者持不同观点，认为专利与经济增长之间不存在明显的因果关系。鞠树成（2005）[2]以1985—2002年统计数据为基础，运用Granger因果关系检验法和回归分析法对我国经济增长与专利产出的关系进行研究，表明专利数量与GDP之间存在正相关，但不存在明显的因果关系。高雯雯、孙成江等（2006）[3]运用协整分析技术，研究了1985—2002年我国专利产出与经济增长之间的关系，认为我国专利产出与经济增长之间不存在明显的因果关系，即专利产出的增加或减少未必会引起GDP的增加或减少，而GDP的增加或减少也未必会引起专利产出的增加或减少。

（三）区域专利实力评价

刘洋、瞿卫军等（2004）[4]选择了专利申请量、专利授权量、授权率、存活量和存活率5个评价指标，运用综合加权评分法，对我国部分省市的专利综合实力进行评价，得出专利综合实力呈梯队分布，且分布不均衡，综合排名靠前的地区往往是我国经济和科技实力较强的省份，专利水平与地区经济科技实力，尤其与科技实力具有显著正相关的特征。王宏起、杨京玺（2007）[5]运用系统分析的方法，从专利产出数量和专利产出质量两方面，设计了专利产出水平评价指标体系，并通过聚类分析法对我

❶ 曾昭法，聂亚菲.专利与我国经济增长实证研究[J].科技管理研究，2008(7)：406-407.

❷ 鞠树成.中国专利产出与经济增长关系的实证研究[J].科学管理研究，2005，23(5)：100-103.

❸ 高雯雯，孙成江，刘玉奎.中国专利产出与经济增长的协整分析[J].情报杂志，2006(1)：34-36.

❹ 刘洋，瞿卫军等.专利评价指标体系三——运用专利评价指标体系进行的地区评价[J].知识产权，2004(5)：35-38.

❺ 王宏起，杨京玺.区域专利产出水平评价指标体系及其实证研究[J]. 科技进步与对策，2007(12)：24.

国15个副省级城市专利产出水平进行了实证研究，指出区域专利产出水平的提高不能仅依赖专利产出数量，更应注重专利产出的技术、市场及应用价值等方面的总体水平。王鸣涛（2011）[1]设计了一套包含专利申请、专利授权与专利效益3个一级指标和专利申请量、专利授权量、专利授权率与技术市场成交额等8个二级指标的区域专利实力评价指标体系，运用模糊综合评价方法对北京市在全国各省市中的专利实力水平进行评价。张文新、李琴等（2012）[2]建立了城市专利综合实力评价指标体系，运用主成分分析法，对我国4个直辖市和15个副省级城市的专利综合实力作出评分、排序和分级，揭示各城市间专利综合实力的差异；并通过3个一级指标和14个二级指标的城市专利综合实力影响因素指标体系，对19个城市的专利综合实力作回归分析，得出影响城市专利综合实力的五个主要因素：人均科技支出、固定资产投资总额、科技人员占从业人员的比例、每百人公共图书馆藏书和人均电信业务总量。

综上所述，国内外学者对专利评价指标的建立、专利实力与经济水平的关系、区域专利实力评价的相关研究，都对构建江苏省专利实力指标体系提供了很好的借鉴。但是，文献中涉及的指标体系关注专利产出的较多，而体现支撑地区专利发展的指标较少。因此，只有设计一套覆盖全面、体现地区专利事业发展特色的专利实力指标体系，才能更为准确地衡量地区专利实力，挖掘地区专利工作中的优势和劣势，进而采取针对性措施提升专利实力。

在实践工作中，国内外的知识产权行政管理部门亦开始陆续关注专利实力的相关工作，并向社会公布专利实力指数报告。美国商会全球知识产权中心自2012年开始发布国际知识产权指数报告，该报告基于指标得分对相关国家知识产权环境的进展和存在的不足进行分析，旨在为各国政策制

---

[1] 王鸣涛.基于模糊综合评价法的我国区域专利实力评价实证研究[J].科技管理研究，2011(16)：170-172.

[2] 张文新，李琴等.我国城市专利综合实力影响因素分析[J].城市经济与管理，2012(7)：91-97.

定者提供建设性意义的统计数据。中国国家知识产权局委托知识产权发展研究中心开展了全国专利实力状况和全国知识产权发展状况的研究工作。全国专利实力状况研究从专利创造、专利运用、专利保护、专利管理、专利服务五方面构建了涵盖5个一级指标和34个二级指标的专利实力状况指标体系，该指标体系是目前知识产权领域较权威的衡量专利实力的指标体系，国家知识产权局采用这一指标体系每年进行一次监测评价，发布年度专利实力状况报告，反映全国各地区年度专利实力状况和各地区年度专利事业的发展进步情况。全国知识产权发展状况研究从知识产权创造、知识产权运用、知识产权保护、知识产权环境四个维度提出了由4个一级指标、10个二级指标、40个三级指标构成的全国知识产权发展状况评价指标体系，编制了《全国知识产权发展状况报告》。《全国知识产权发展状况报告》是对全国知识产权发展状况进行数据监测与评价的权威性研究报告，2013年开始连续编制并对外发布。

江苏省紧跟国家知识产权发展战略布局，专利事业发展走在了全国前列。其为专利事业发展提供决策参考的专利统计分析工作亦始终紧跟发展的前沿。2014年，江苏省借鉴了学术领域和实践领域的相关成果，围绕专利创造、专利运用、专利保护、专利环境四个方面构建了由4个一级指标、10个二级指标、34个三级指标构成的江苏省专利实力指标体系，编制了江苏省专利实力指数报告，以期为知识产权相关工作者和决策者提供统计资料和科学建议，为推进知识产权强省建设提供有益借鉴和科学导向。

第二章　江苏省专利实力综述与分析

一、江苏省专利实力综述

2013年，江苏省各级知识产权管理部门，开拓创新，勇于实践，扎实推进知识产权强省建设，江苏省知识产权工作保持了健康发展的良好态势。

（一）专利创造质量稳中有升

江苏省各级知识产权管理部门将抓专利质量放在更加突出的位置，强化专利奖励政策的质量导向，继江苏省知识产权局调整专利奖励政策后，常州、盐城、南通、淮安等市出台或调整相关政策，大力促进专利创造质量提升。2013年，江苏省发明专利授权量16790件，同比增长3.4%，占全国11.7%，居全国第3位；PCT专利申请1186件，同比增长29.6%，占全国5.7%，实现了由四进三的目标；有效发明专利量62112件，同比增长37.3%，占全国11.4%，居全国第3位；万人发明专利拥有量7.84件，同比增长36.8%；非正常专利申请量同比减少43.6%，数量明显下降。专利结构不断优化，2013年江苏省专利申请量和授权量、发明专利申请量、企业专利申请量和授权量五项指标继续保持全国第一，分别为504500件、239645件、141259件、325090件、172787件，企业专利申请量、授权量占总量比例分别达到64.4%和72.1%，发明专利申请量、授权量占总量比例分别为28%、7%，比上年分别提高4.6%、1%。此外，在第十五届中国专利奖评选活动中，江苏省荣获中国专利金奖2项，中国外观设计金奖1项，中国专利优秀奖24项，中国外观设计优秀奖4项，获奖项目总数达31项，创历史新高。

（二）专利转化应用取得新成效

江苏省大力推动专利技术转化实施，2013年支持146个重大科技成果转化项目，涉及专利技术1438项。深入推进商标专用权质押贷款工作，江苏省商标质押贷款总额已突破60亿元，其中扬州市的33家企业获得商标权质押融资3.5亿元，张家港市的5件高知名度商标获得质押贷款1.25亿元。积极推动版权贸易“走出去”战略，鼓励省内版权相关企业参加各类版权贸易展会，其中苏州市知识产权局实施重大版权推广运用计划项目，有10家企业参与实施。引导软件企业重视和加强知识产权工作，软件与信息服务业销售收入同比增长30%以上，业务总量居全国第一。大力推动高校专利成果通过转移中心以技术入股的方式与企业合作，2013年度南京大学、中国药科大学、南京农业大学、中国矿业大学等高校的多项专利获得转让或实施许可，总金额达1.7485亿元。举办“2013中国（南京）国际环保产业展示暨环境技术交流会”，有7家拥有专利技术的参展企业现场获得销售订单。江苏省林业科学院和南京林业大学签署科研和人才培养全面战略合作协议，促进林业科技成果转化。积极探索知识产权运用新模式，加强知识产权与金融资本的结合，促进知识产权产业化、市场化，南京、镇江、南通、苏州等市出台政策，开展知识产权保险、运营等业务。

（三）专利保护成效显著

江苏省大力开展知识产权执法维权“护航”行动，全年累计出动专利行政执法人员5293人次；假冒专利案件立案1979起，结案1979起；专利侵权纠纷案件立案385起，结案268起。大力推进“正版正货”承诺活动，新认定11家省级和27家市级“正版正货”示范创建街区，600家行业

"正版正货"承诺企业。加大知识产权维权援助工作力度，江苏省知识产权局与江苏省高级人民法院共同印发了《人民法院委托或者邀请知识产权维权援助中心调解涉知识产权民事纠纷案件的意见》，常州、镇江等4个市成立调解委员会，共调解各类知识产权案件29起；江苏省知识产权维权援助中心在淮安、徐州、江阴设立分中心，在扬州、连云港、淮安、宿迁等6个市利用移动媒体同步播放12330公益广告，日覆盖人数700万人；2013年江苏省8个维权援助中心共接听12330电话8000余例。着力推动执法与维权机构建设，南京市专利行政执法支队、中国南通（家纺）知识产权快速维权中心获批成立。

（四）专利发展环境逐步完善

1. 知识产权战略实施工作有效推进。一是局省合作不断深化。江苏省政府与国家知识产权局的局省合作继续推进，双方确定的《创建实施知识产权战略示范省2013年度合作计划》主要任务如期完成。二是战略推进扎实有序。江苏省政府办公厅印发《实施知识产权战略2013年行动计划》，69项重点任务基本完成。江苏省知识产权联席会议办公室组织开展知识产权战略实施绩效中期评估工作，及时发现战略实施中的不足和偏差，推动各地采取针对性改进措施，保障战略实施工作有序推进。三是市县战略实施不断深入。江苏省13个省辖市，80%以上的县（市、区）、园区出台了知识产权战略或实施意见，常州、扬州、南通以市政府名义制定出台了推动知识产权发展政策。四是试点示范取得新进展。苏州、徐州与江苏省知识产权局开展局市合作，共建实施知识产权战略示范城市。无锡、泰州、常熟、昆山4市被列入国家知识产权示范城市，连云港、如皋、大丰等7个市、县被列入国家知识产权试点城市，徐州市泉山区等7个县（市、区）被列入国家知识产权强县工程，苏州高新区、苏州工业园区、江苏昆山经济开发区被评为首批国家知识产权示范园区，江苏省进入国家知识产权试点示范的市、县及园区总数位居全国首位。

2. 知识产权服务能力有效提升。一是不断提高专利受理与审查能力。2013年，江苏省专利电子申请率达到92.5%，南京代办处和苏州分理处共受理专利申请38万件、专利实施许可合同备案1023件、专利权质押登记34件，收缴专利费用80.8万笔，共计3.4亿多元。二是注重发挥专利信息服务功能，江苏省专利信息服务中心开展新兴产业专利动态分析和季度统计报送工作，完成新型显示材料等7个产业知识产权战略研究与预警分析，开展全省592个重大科技成果转化项目、1192名拟引进高层次创新创业人才以及首届工业设计大赛90件入围作品的知识产权审议，共涉及专利13853件；泰州市政府出台了加强全市重大经济科技活动知识产权评议工作的意见。三是知识产权服务业加快发展，新增专利代理机构8家、分支机构12家，总数分别达到67家和48家，执业专利代理人达到466名，启动了专利代理机构管理标准化建设工程。

3.知识产权人才队伍不断壮大。一是加快建设人才培养载体，工业和信息化部、国家知识产权局和省政府共建南京理工大学知识产权学院，累计建设知识产权培训基地12家。二是扎实抓好各类人才培训，2013年江苏省举办知识产权工程师培训班16期，培训3090人，新增知识产权工程师以上专业技术职称119个；举办知识产权总监培训班2期，培训企业高管100名；培训专利代理人资格考试应试学员105人，双科通过率为59.4%，高出全国通过率33.5%，新增具有专利代理资格人员387名；组织对省内140名执业专利代理人进行了实务技能培训，对88名取得专利代理人资格证书（省内执业）的人员进行了上岗培训。

二、江苏省专利实力分析

基于江苏省专利实力综述内容，本报告从专利创造、运用、保护和环境四个方面对2013年江苏省专利实力进行分析，各市专利实力状况呈现“苏南高、苏北低”的特征，前三位依次是苏州市、南京市、无锡市，全部为苏南地区，后三位依次是连云港市、盐城市、宿迁市，全部为苏北地区（见表2-1）。这与江苏省地区科技研发投入规模不同、企业创新能力差异较大等因素相关。

表2-1　2013年江苏地区专利实力指数

地 区	专利实力	
	排名	指数
苏州市	1	0.752
南京市	2	0.721
无锡市	3	0.625
常州市	4	0.435
南通市	5	0.420
镇江市	6	0.406
扬州市	7	0.344
泰州市	8	0.286
徐州市	9	0.254
淮安市	10	0.199
连云港市	11	0.173
盐城市	12	0.151
宿迁市	12	0.151

各地区专利实力极不均衡，排名第1位的苏州市与排名第12位的盐城市和宿迁市，专利实力指数相差0.601，排名第1位至第12位的省辖市，专利实力指数呈现显著下降趋势（见表2-1）。

排名第1的苏州市专利实力指数是宿迁市和盐城市的5倍，突出表现在苏州市专利运用数量、专利行政保护和专利人才环境指数远高于宿迁市和盐城市（见表2-2）。

表2-2　2013年江苏部分地区专利实力指数

指　　标	实力指数			实力指数绝对差异		实力指数相对差异	
	苏州市	盐城市	宿迁市	苏州市—盐城市	苏州市—宿迁市	苏州市/盐城市	苏州市/宿迁市
专利实力	0.752	0.151	0.151	0.601	0.601	5.0	5.0
专利运用数量	0.774	0.058	0.000	0.716	0.774	13.3	/
专利行政保护	0.689	0.093	0.054	0.596	0.635	7.4	12.8
专利人才环境	0.777	0.103	0.033	0.674	0.744	7.5	23.5

根据2013年专利实力指数，全省13个市划分为四类：

第一类：专利实力指数高于0.6的地区，为苏州市、南京市和无锡市。

第二类：专利实力指数低于0.6，但高于0.4的地区，为常州市、南通市和镇江市。

第三类：专利实力指数低于0.4，但高于0.2的地区，为扬州市、泰州市和徐州市。

第四类：专利实力指数低于0.2的地区，为淮安市、连云港市、盐城市和宿迁市（见图2-1）。

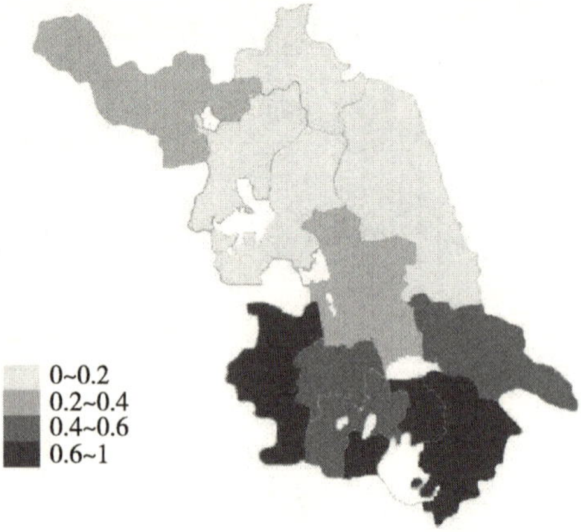

图2-1　江苏专利实力指数地区分布

第三章　地区专利实力分析

一、地区专利实力一级指标分析

（一）地区专利实力一级指标设计

专利实力指标体系下设4个一级指标：专利创造、专利运用、专利保护、专利环境（见图3-1）。

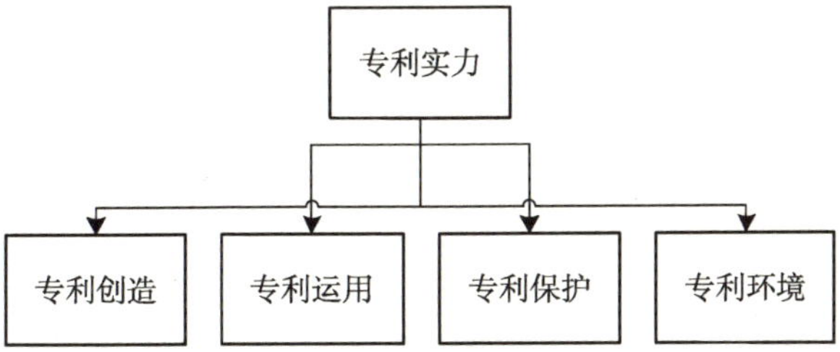

图3-1　专利实力指标设计

（二）地区专利实力一级指标分析

专利创造实力前三位依次是苏州市、南京市、无锡市，后三位则依次是泰州市、盐城市、淮安市；专利运用实力前三位依次是南京市、苏州市、无锡市，后三位则依次是淮安市、宿迁市、连云港市；专利保护实力前三位依次是无锡市、苏州市、南京市，后三位则依次是盐城市、宿迁市、连云港市；专利环境实力前三位依次是苏州市、南京市、无锡市，后三位则依次是连云港市、宿迁市、盐城市。专利创造、专利运用、专利保护和专利环境实力前三位全部为苏南地区，专利运用、专利保护和专利环境实力整体趋势的地区特征显著，表现为“苏南高、苏北低”，前三位全部为苏南地区，后三位全部为苏北地区（见表3-1）。

表3-1　2013年江苏地区专利实力一级指标指数

地 区	专利实力		专利创造		专利运用		专利保护		专利环境	
	指数	排名	指数	排名	指数	排名	指数	排名	指数	排名
南京市	0.721	2	0.713	2	0.865	1	0.566	3	0.739	2
无锡市	0.625	3	0.535	3	0.701	3	0.737	1	0.525	3
徐州市	0.254	9	0.198	9	0.223	9	0.194	10	0.402	7
常州市	0.435	4	0.335	5	0.534	4	0.378	6	0.494	4
苏州市	0.752	1	0.727	1	0.794	2	0.708	2	0.779	1
南通市	0.420	5	0.321	7	0.397	7	0.552	4	0.408	6
连云港市	0.173	11	0.328	6	0.042	13	0.032	13	0.288	11
淮安市	0.199	10	0.133	13	0.071	11	0.291	7	0.299	10
盐城市	0.151	12	0.139	12	0.183	10	0.129	11	0.151	13
扬州市	0.344	7	0.271	8	0.454	6	0.233	9	0.418	5
镇江市	0.406	6	0.365	4	0.489	5	0.393	5	0.376	8
泰州市	0.286	8	0.154	11	0.383	8	0.282	8	0.326	9
宿迁市	0.151	12	0.183	10	0.056	12	0.077	12	0.287	12

苏州市、南京市、无锡市、常州市和宿迁市专利创造、专利运用、专利保护和专利环境实力发展较为均衡，其次是徐州市、南通市、盐城市、泰州市、扬州市和镇江市，而淮安市和连云港市则差异显著（见图3-2）。

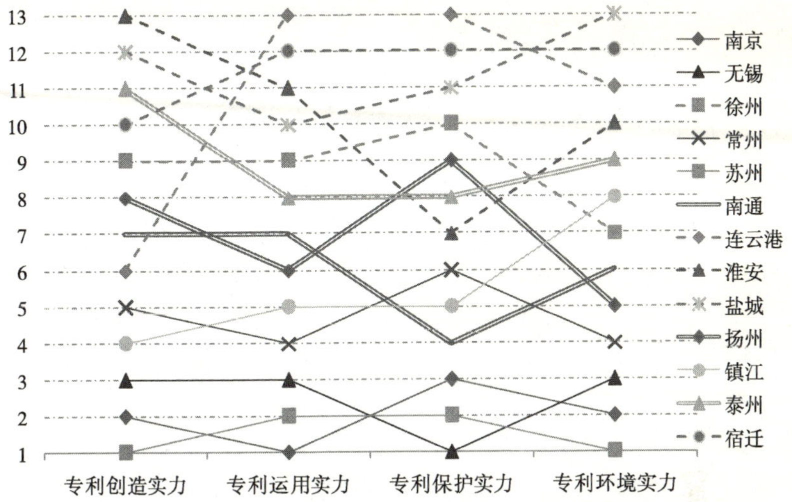

图3-2　2013年江苏地区专利创造、运用、保护和环境实力指数

各地区专利创造、专利运用、专利保护和专利环境实力极不均衡，排名第1位与排名第13位的省辖市，四项指标专利实力指数分别相差0.594、0.823、0.705和0.628，专利运用实力发展不均衡性最为显著。排名第1位至第13位的省辖市，其专利实力指数呈显著的下降趋势（见图3-3）。

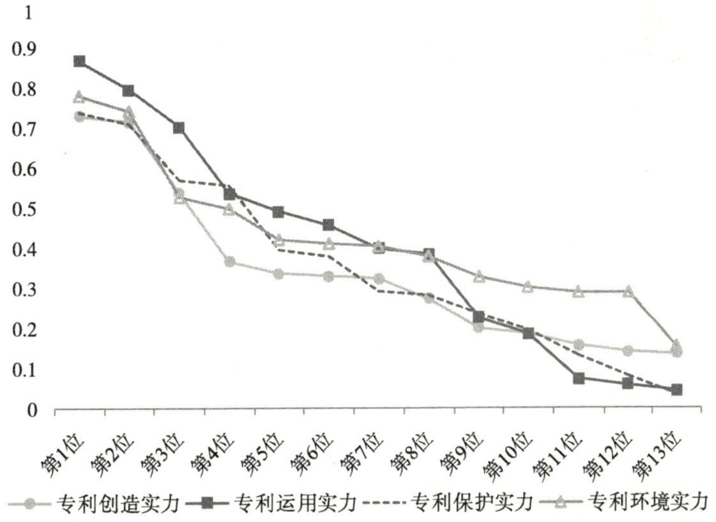

图3-3　2013年江苏地区专利创造、运用、保护和环境实力指数

二、地区专利实力二级指标分析

（一）专利创造二级指标分析

1. 指标设计

专利创造指标下设3个二级指标：专利创造数量、专利创造质量、专利创造效率（见图3-4）。

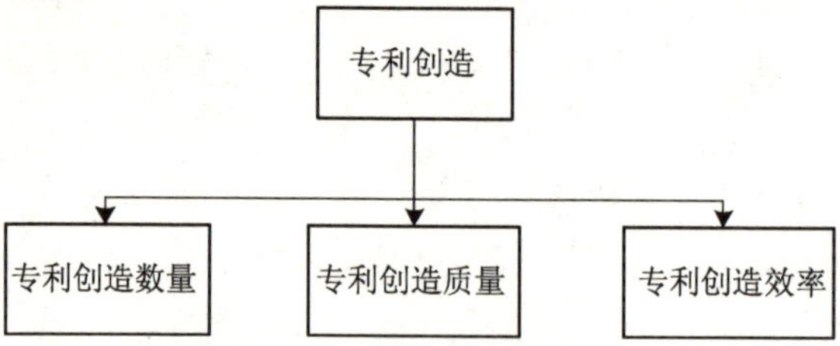

图3-4 专利创造指标设计

2. 地区创造实力分析

专利创造数量、专利创造质量和专利创造效率实力前三位分布在苏州市、南京市、无锡市，全部为苏南地区；专利创造数量实力t后三位依次是盐城市、泰州市、淮安市，专利创造质量实力后三位依次是宿迁市、盐城市、泰州市，专利创造效率实力后三位依次是泰州市、徐州市、盐城市，除泰州市为苏中地区，其他市均为苏北地区（见表3-2）。泰州市专利创造数量、专利创造质量和专利创造效率实力较弱，与其经济和社会发展水平不相匹配，主要是由于泰州市科研基础比较薄弱，如驻泰高校和科研单位有效发明专利量、发明专利申请和授权量极少；另外，最近几年各级知识产权管理部门加大了对苏北地区专利创造的支持力度，苏北地区专利创造实力逐步提高。近几年，泰州市加大了发展力度，2013年初制定出台了《泰州市发明专利攻坚行动方案》，投入专项经费300万元用于激励发明创造。泰州市应进一步采取措施，提高专利持续创造能力，提升专利创造实力。

表3-2　2013年江苏专利创造实力二级指标指数

地区	专利创造		专利创造数量		专利创造质量		专利创造效率	
	指数	排名	指数	排名	指数	排名	指数	排名
南京市	0.713	2	0.661	2	0.738	1	0.739	1
无锡市	0.535	3	0.599	3	0.499	3	0.508	3
徐州市	0.198	9	0.224	8	0.236	8	0.133	12
常州市	0.335	5	0.286	6	0.283	7	0.437	4
苏州市	0.727	1	0.900	1	0.652	2	0.629	2
南通市	0.321	7	0.390	4	0.335	6	0.237	8
连云港市	0.328	6	0.182	10	0.453	4	0.349	7
淮安市	0.133	13	0.029	13	0.147	10	0.222	9
盐城市	0.139	12	0.177	11	0.120	12	0.120	13
扬州市	0.271	8	0.267	7	0.173	9	0.374	6
镇江市	0.365	4	0.327	5	0.355	5	0.413	5
泰州市	0.154	11	0.172	12	0.120	13	0.170	11
宿迁市	0.183	10	0.220	9	0.129	11	0.199	10

无锡市、镇江市、南京市、苏州市、宿迁市、泰州市和盐城市专利创造数量、专利创造质量和专利创造效率实力发展较为均衡，其次是常州市和扬州市，而连云港市、南通市、徐州市和淮安市则差异显著（见图3-5）。

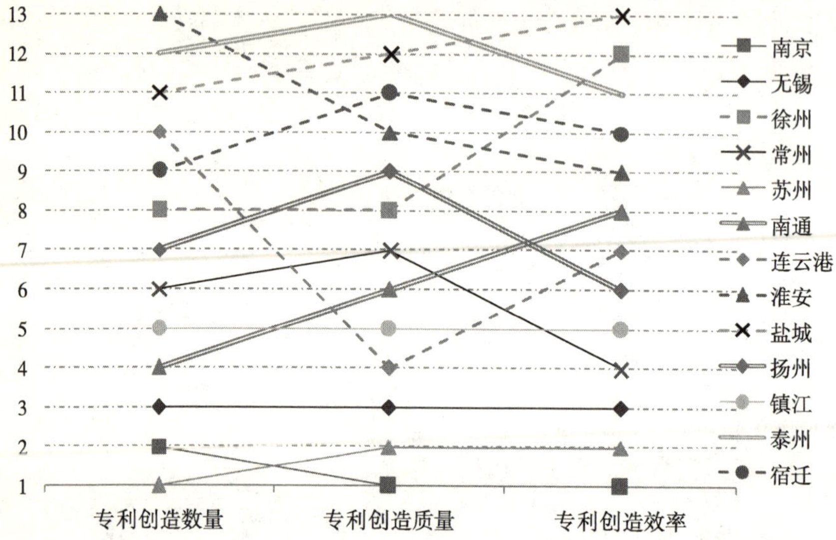

图3-5　2013年江苏地区专利创造数量、质量和效率实力指数

（二）专利运用二级指标分析

1. 指标设计

专利运用指标下设2个二级指标：专利运用数量、专利运用效果（见图3-6）。

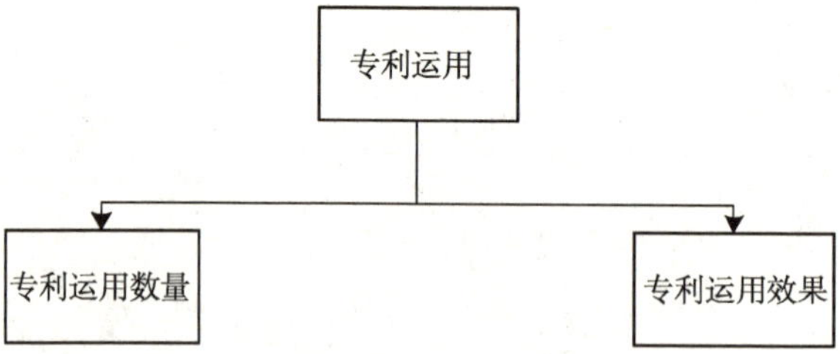

图3-6　专利运用指标设计

2. 地区运用实力分析

专利运用数量和专利运用效果实力前三位分别是南京市、苏州市、无

锡市，全部为苏南地区；专利运用数量实力后四位依次是淮安市、盐城市、连云港市、宿迁市，专利运用效果实力后三位依次是宿迁市、淮安市、连云港市，全部为苏北地区。专利运用数量和专利运用效果实力整体趋势的地区特征显著，表现为“苏南高、苏北低”（见表3-3）。

表3-3　2013年江苏专利运用实力二级指标指数

地 区	专利运用		专利运用数量		专利运用效果	
	指数	排名	指数	排名	指数	排名
南京市	0.865	1	1.000	1	0.729	3
无锡市	0.701	3	0.572	3	0.829	1
徐州市	0.223	9	0.168	9	0.277	10
常州市	0.534	4	0.558	4	0.510	6
苏州市	0.794	2	0.774	2	0.814	2
南通市	0.397	7	0.322	6	0.472	7
连云港市	0.042	13	0.010	12	0.074	13
淮安市	0.071	11	0.058	10	0.083	12
盐城市	0.183	10	0.058	10	0.307	9
扬州市	0.454	6	0.346	5	0.561	5
镇江市	0.489	5	0.284	8	0.694	4
泰州市	0.383	8	0.298	7	0.468	8
宿迁市	0.056	12	0.000	13	0.111	11

绝大部分省辖市专利运用数量和专利运用效果实力发展较为均衡，其中苏州市和扬州市发展最为均衡。镇江市专利运用数量和专利运用效果实力发展差异显著，专利运用数量和专利运用效果实力指数排名相差四个位次（见图3-7）。

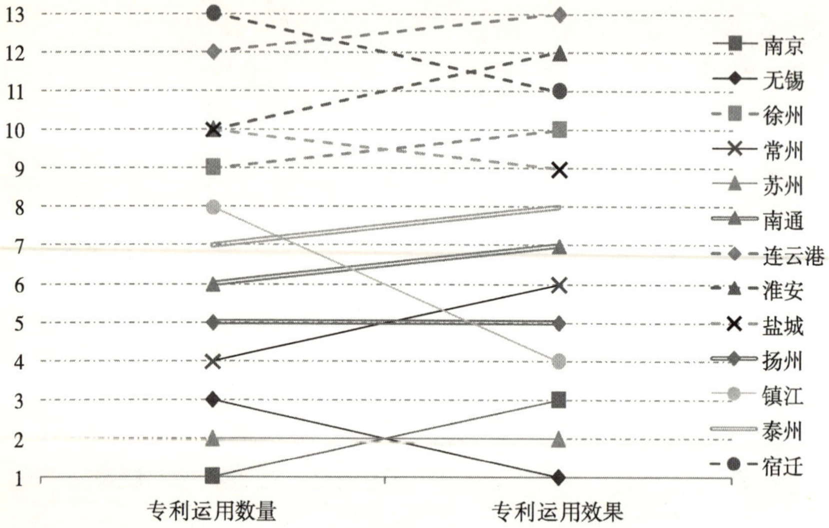

图3-7　2013年江苏地区专利运用数量和效果实力指数

（三）专利保护二级指标分析

1. 指标设计

专利保护指标下设2个二级指标：专利行政保护、专利司法保护（见图3-8）。

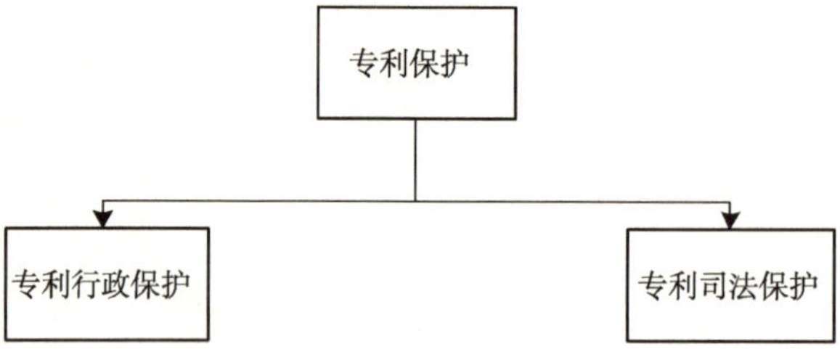

图3-8　专利保护指标设计

2. 地区保护实力分析

专利行政保护实力前三位依次是南通市、苏州市、无锡市，分属于苏中、苏南和苏南地区，专利司法保护实力前三位依次是无锡市、南京市、苏州市，全部为苏南地区。专利行政保护实力后三位依次是徐州市、宿迁市、连云港市，专利司法保护实力后三位依次是盐城市、宿迁市、连云港市，全部为苏北地区。专利行政保护和专利司法保护实力整体趋势的地区特征较为显著，表现为“苏南高、苏北低”（见表3-4）。

表3-4　2013年江苏专利保护水平二级指标指数

地区	专利保护		专利行政保护		专利司法保护	
	指数	排名	指数	排名	指数	排名
南京市	0.566	3	0.363	8	0.769	2
无锡市	0.737	1	0.578	3	0.896	1
徐州市	0.194	10	0.070	11	0.318	5
常州市	0.378	6	0.492	5	0.263	7
苏州市	0.708	2	0.689	2	0.726	3
南通市	0.552	4	0.742	1	0.361	4
连云港市	0.032	13	0.000	13	0.064	13
淮安市	0.291	7	0.377	6	0.204	9
盐城市	0.129	11	0.093	10	0.165	11
扬州市	0.233	9	0.147	9	0.318	5
镇江市	0.393	5	0.569	4	0.216	8
泰州市	0.282	8	0.374	7	0.190	10
宿迁市	0.077	12	0.054	12	0.099	12

宿迁市、连云港市、苏州市和盐城市专利行政保护和专利司法保护实力发展较为均衡，其次是无锡市、常州市、南通市、淮安市和泰州市，而南京市、徐州市、镇江市和扬州市则差异显著（见图3-9）。

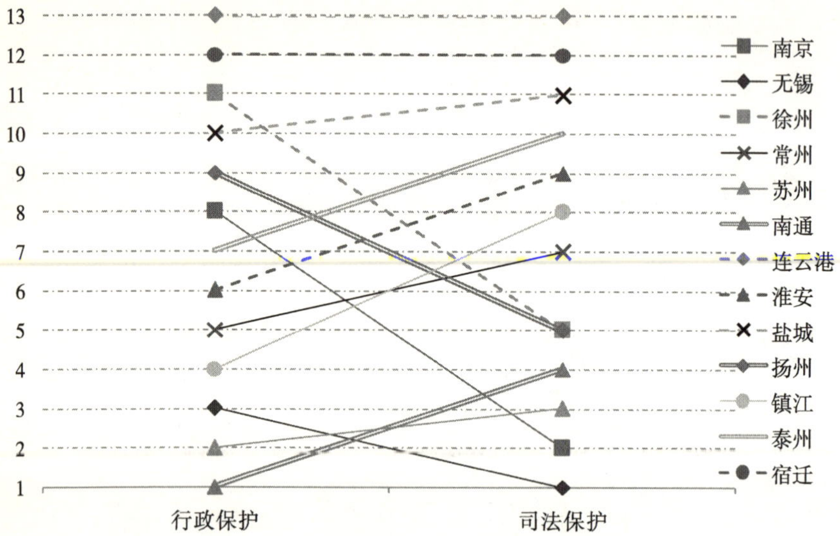

图3-9 2013年江苏地区专利行政保护和司法保护实力指数

（四）专利环境二级指标分析

1. 指标设计

专利环境指标下设3个二级指标：专利管理环境、专利服务环境、专利人才环境（见图3-10）。

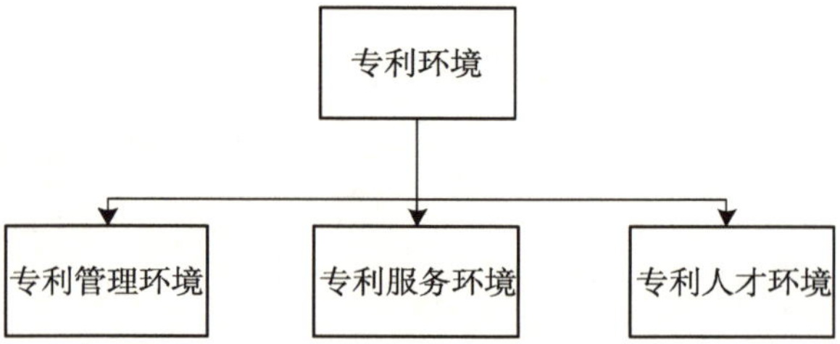

图3-10 专利环境指标设计

2. 地区环境实力分析

专利管理环境实力前三位依次是苏州市、南京市、常州市，专利服务环境实力前三位依次是常州市、南京市、扬州市，专利人才环境实力前三位依次是南京市、苏州市、无锡市，扬州市是唯一一个入列前三位的苏中地区省辖市，其他省辖市全部属于苏南地区；专利管理环境实力后三位依次是泰州市、连云港市、宿迁市，专利服务环境实力后三位依次是无锡市、镇江市、盐城市，专利人才环境实力后三位依次是宿迁市、淮安市、连云港市，涵盖了苏南、苏中和苏北地区省辖市。镇江市和无锡市的专利服务环境实力较弱，与其专利创造实力不相匹配，今后应加强专利服务能力建设，更好地服务专利创造、专利运用和专利保护等各方面工作的发展（见表3-5）。

表3-5　2013年江苏专利环境水平二级指标指数

地 区	专利环境		专利管理环境		专利服务环境		专利人才环境	
	指数	排名	指数	排名	指数	排名	指数	排名
南京市	0.739	2	0.629	2	0.803	2	0.786	1
无锡市	0.525	3	0.510	4	0.570	11	0.495	3
徐州市	0.402	7	0.413	6	0.714	4	0.078	10
常州市	0.494	4	0.515	3	0.810	1	0.156	6
苏州市	0.779	1	0.958	1	0.602	10	0.777	2
南通市	0.408	6	0.468	5	0.661	6	0.095	9
连云港市	0.288	11	0.202	12	0.643	7	0.020	13
淮安市	0.299	10	0.240	10	0.627	8	0.030	12
盐城市	0.151	13	0.266	9	0.083	13	0.103	8
扬州市	0.418	5	0.271	8	0.759	3	0.223	4
镇江市	0.376	8	0.362	7	0.566	12	0.199	5
泰州市	0.326	9	0.230	11	0.614	9	0.133	7
宿迁市	0.287	12	0.138	13	0.690	5	0.033	11

绝大部分省辖市专利管理环境、专利服务环境和专利人才环境实力发展差异显著。南京市专利管理环境、专利服务环境和专利人才环境实力发展较为均衡，专利管理环境、专利服务环境和专利人才环境实力指数排名依次是第2位、第2位和第1位（见图3-11）。

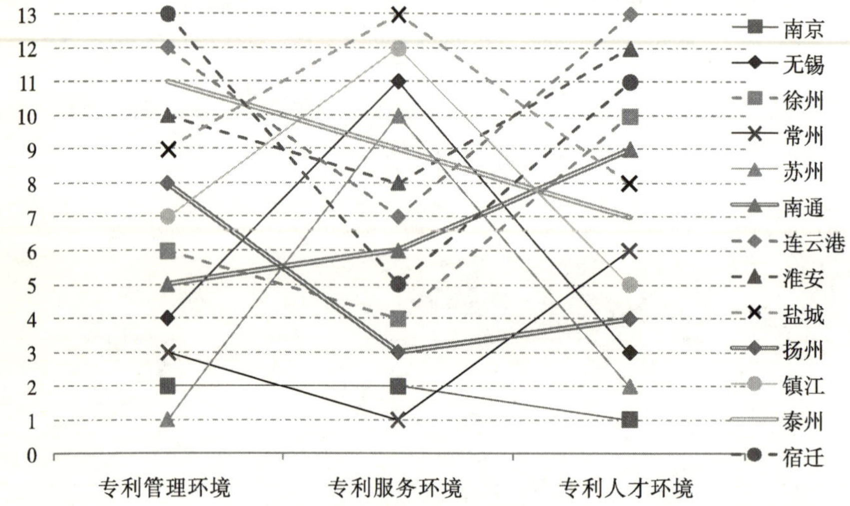

图3-11　2013年江苏地区专利环境—管理、服务和人才实力指数

三、地区专利实力三级指标分析

（一）专利创造三级指标分析

1.专利创造数量指标

（1）指标设计

专利创造数量指标下设4个三级指标：发明专利授权量、PCT国际专利申请量、战略性新兴产业专利授权量、有专利申请高新企业（后文简称“高企”）数占高企总数比例（见图3-12）。

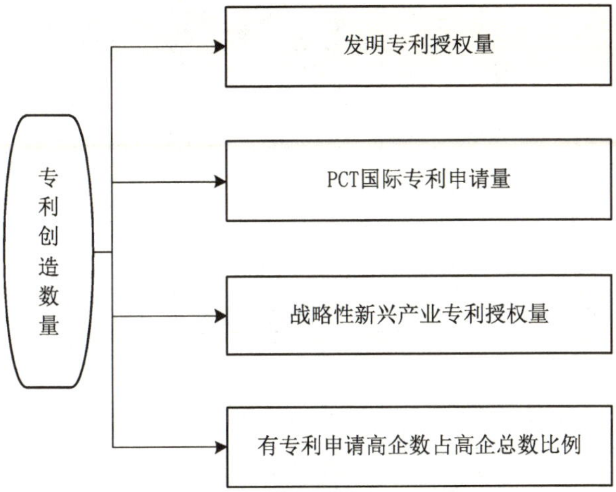

图3-12　专利创造数量指标设计

2.专利创造数量指标分析

在专利创造数量指标中，发明专利授权量、PCT国际专利申请量和战略性新兴产业专利授权量前三位均分布在苏州市、南京市、无锡市，全部属于苏南地区；有专利申请高企数占高企总数比例前三位依次是南通市、镇江市、宿迁市，分属于苏中、苏南和苏北地区，地区分布较均衡。发明专利授权量后三位依次是淮安市、泰州市、宿迁市，PCT国际专利申请量后三位依次是盐城市、淮安市、宿迁市，战略性新兴产业专利授权量后三位依次是淮安市、连云港市、宿迁市，泰州市是唯一一个落入后三位的苏中地区省辖市，其他省辖市全部属于苏北地区，有专利申请高企数占高企总数比例后三位依次是南京市、常州市、淮安市，专利创造实力较强的南京市和常州市，专利申请高企数占高企总数比例这一指标不占优势（见表3-6）。

绝大部分省辖市专利创造数量指标——发明专利授权量、PCT国际专利申请量、战略性新兴产业专利授权量和有专利申请高企数占高企总数比例发展较不均衡，主要原因是受有专利申请高企数占高企总数比例这一指标的影响。高企的数量相对较少，在不同地区专利申请中发挥的作用不同，使得有专利申请高企数占高企总数比例排名与前三个数量指标差异较大（见图3-13）。

表3-6　2013年江苏专利创造数量指标指数

地 区	专利创造数量指标		发明专利授权量		PCT国际专利申请量		战略性新兴产业专利授权量		有专利申请高企数占高企总数比例	
	指数	排名	指数	排名	指数	排名	指数	排名	指数	排名
南京市	0.661	2	1.000	1	0.426	3	0.797	2	0.422	11
无锡市	0.599	3	0.567	3	0.435	2	0.624	3	0.771	5
徐州市	0.224	8	0.107	7	0.103	7	0.179	6	0.506	9
常州市	0.286	6	0.237	4	0.152	5	0.438	4	0.315	12
苏州市	0.900	1	0.932	2	1.000	1	1.000	1	0.666	6
南通市	0.390	4	0.145	6	0.204	4	0.210	5	1.000	1
连云港市	0.182	10	0.047	9	0.049	9	0.021	12	0.612	7
淮安市	0.029	13	0.045	11	0.034	12	0.035	11	0.000	13
盐城市	0.177	11	0.046	10	0.036	11	0.061	10	0.564	8
扬州市	0.267	7	0.072	8	0.047	10	0.132	8	0.815	4
镇江市	0.327	5	0.173	5	0.108	6	0.140	7	0.887	2
泰州市	0.172	12	0.038	12	0.058	8	0.098	9	0.493	10
宿迁市	0.220	9	0.000	13	0.000	13	0.000	13	0.881	3

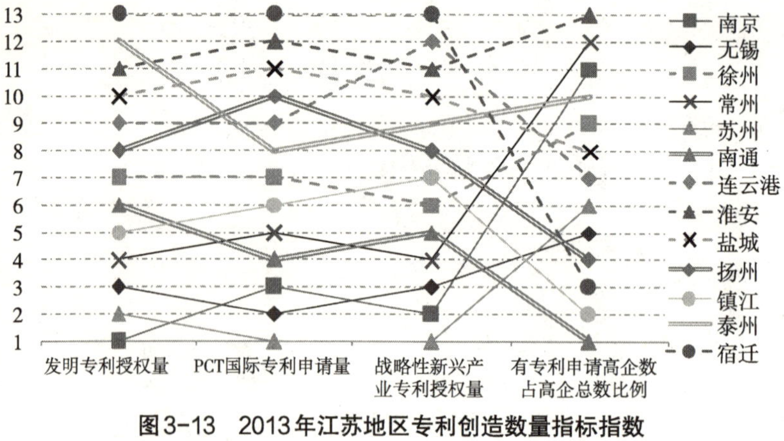

图3-13　2013年江苏地区专利创造数量指标指数

注：一个地区专利实力三级指标指数为0.000，只相对说明该地区该指标排名全省最后一名，不能说明该地区该指标年度目标完成情况。

2.专利创造质量指标

（1）指标设计

专利创造质量指标下设5个三级指标：发明专利授权量占比、有发明专利授权企业数占有专利授权企业数比例、高价值专利占授权发明专利比例、专利授权率、专利奖获奖数量（见图3-14）。

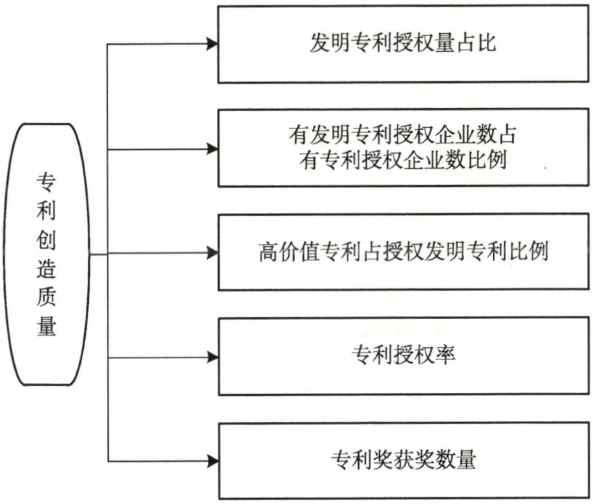

图3-14　专利创造质量指标设计

（2）专利创造质量指标分析

在专利创造质量指标中，5个三级指标指数排名整体趋势均已不具有明显的地区特征。全省各地区紧紧围绕省局部署，将抓专利质量放在更加突出的位置，且竞争日趋激烈。最为典型的例子是连云港市和泰州市：连云港市的专利创造数量不占优势，排名第10，但专利创造质量较好，排名第4，具体表现为发明专利授权量占比排名第4、有发明专利授权企业数占有专利授权企业数比例排名第1、高价值专利占授权发明专利比例排名第4、专利授权率排名第4、专利奖获奖数量排名第7；泰州市的专利创造数量指标较弱，排名第12，专利创造质量亦落后于其他省辖市，排名第13，具体表现为发明专利授权量占比排名第12、有发明专利授权企业数占有专利授权企业数比例排名第11、高价值专利占授权发明专利比例排名第8、专利授权率排名第11、专利奖获奖数量排名第9（见表3-7）。随着“强化专利质量导向”政策及措施的逐步深入，全省提升专利创造质量将会迎来新一轮的大比拼，专利创造质量实力排名也必将迎来新一轮的大调整。

表3-7　2013年江苏专利创造质量指标指数

地 区	专利创造质量指标		发明专利授权量占比		有发明专利授权企业数占有专利授权企业数比例		高价值专利占授权发明专利比例		专利授权率		专利奖获奖数量	
	指数	排名	指数	排名	指数	排名	指数	排名	指数	排名	指数	排名
南京市	0.738	1	1.000	1	0.819	2	0.617	2	0.252	10	1.000	1
无锡市	0.499	3	0.231	3	0.814	3	0.407	3	0.809	3	0.235	4
徐州市	0.236	8	0.166	9	0.252	12	0.037	9	0.520	6	0.206	5
常州市	0.283	7	0.215	5	0.404	7	0.173	5	0.357	8	0.265	3
苏州市	0.652	2	0.169	8	0.678	5	1.000	1	1.000	1	0.412	2
南通市	0.335	6	0.080	11	0.539	6	0.111	7	0.857	2	0.088	9
连云港市	0.453	4	0.221	4	1.000	1	0.235	4	0.693	4	0.118	7
淮安市	0.147	10	0.199	6	0.387	8	0.037	9	0.114	12	0.000	12
盐城市	0.120	12	0.195	7	0.277	10	0.012	12	0.000	13	0.118	7
扬州市	0.173	9	0.088	10	0.334	9	0.025	11	0.389	7	0.029	11
镇江市	0.355	5	0.324	2	0.810	4	0.160	6	0.332	9	0.147	6
泰州市	0.120	13	0.063	12	0.270	11	0.062	8	0.117	11	0.088	9
宿迁市	0.129	11	0.000	13	0.000	13	0.000	13	0.647	5	0.000	12

3.专利创造效率指标

（1）指标设计

专利创造效率指标下设4个三级指标：每万人口有效发明专利量、每百双创人才发明专利授权量、每亿元GDP企业发明专利授权量、每千万元研发经费发明专利授权量（见图3-15）。

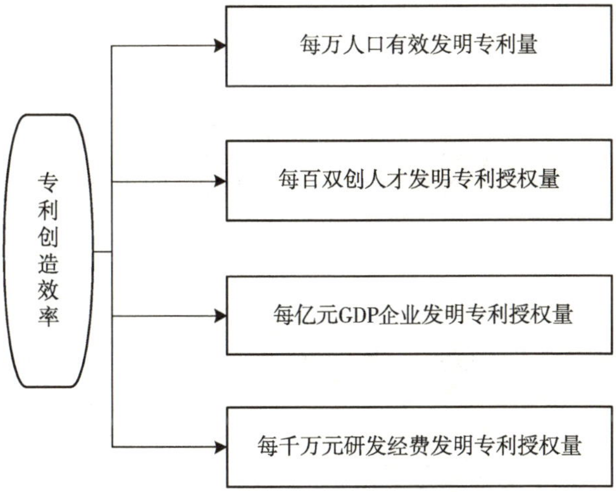

图3-15　专利创造效率指标设计

（2）专利创造效率指标分析

在专利创造效率指标中，每万人口有效发明专利量、每亿元GDP企业发明专利授权量、每千万元研发经费发明专利授权量三个三级指标指数排名整体趋势均具有较为明显的地区特征。每万人口有效发明专利量、每亿元GDP企业发明专利授权量前三位均分布在南京市、苏州市、无锡市，每千万元研发经费发明专利授权量前三位依次是南京市、苏州市、镇江市，全部属于苏南地区；每万人口有效发明专利量后三位依次是淮安市、盐城市、宿迁市，每亿元GDP企业发明专利授权量、每千万元研发经费发明专利授权量后三位均分布在盐城市、泰州市、宿迁市，除泰州市，全部为苏北地区（见表3-8）。

与上述3个指标不同，每百双创人才发明专利授权量排名整体趋势不具有明显的地区特征，前三位依次是扬州市、宿迁市、连云港市，后三位依次是镇江市、徐州市、无锡市，两个苏北地区省辖市入列前三位，两个苏南地区省辖市落入后三位，苏南、苏中和苏北地区省辖市排名具有随机性（见图3-16），原因可能在于各个省辖市发明专利授权量的创造主体构成成分不同、双创人才创新能力不同等因素存在。

表3-8 2013年江苏专利创造效率指标指数

地 区	专利创造效率指标		每万人口有效发明专利量		每百双创人才发明专利授权量		每亿元GDP企业发明专利授权量		每千万元研发经费发明专利授权量	
	指数	排名	指数	排名	指数	排名	指数	排名	指数	排名
南京市	0.739	1	1.000	1	0.385	5	0.571	3	1.000	1
无锡市	0.508	3	0.703	2	0.000	13	0.826	2	0.502	4
徐州市	0.133	12	0.066	10	0.118	12	0.112	10	0.237	8
常州市	0.437	4	0.472	4	0.306	7	0.560	4	0.408	6
苏州市	0.629	2	0.667	3	0.281	8	1.000	1	0.567	2
南通市	0.237	8	0.288	6	0.202	10	0.305	6	0.151	9
连云港市	0.349	7	0.086	9	0.597	3	0.244	7	0.470	5
淮安市	0.222	9	0.053	11	0.329	6	0.120	9	0.384	7
盐城市	0.120	13	0.044	12	0.250	9	0.097	12	0.087	11
扬州市	0.374	6	0.156	7	1.000	1	0.215	8	0.126	10
镇江市	0.413	5	0.447	5	0.198	11	0.457	5	0.550	3
泰州市	0.170	11	0.133	8	0.438	4	0.110	11	0.000	13
宿迁市	0.199	10	0.000	13	0.793	2	0.000	13	0.003	12

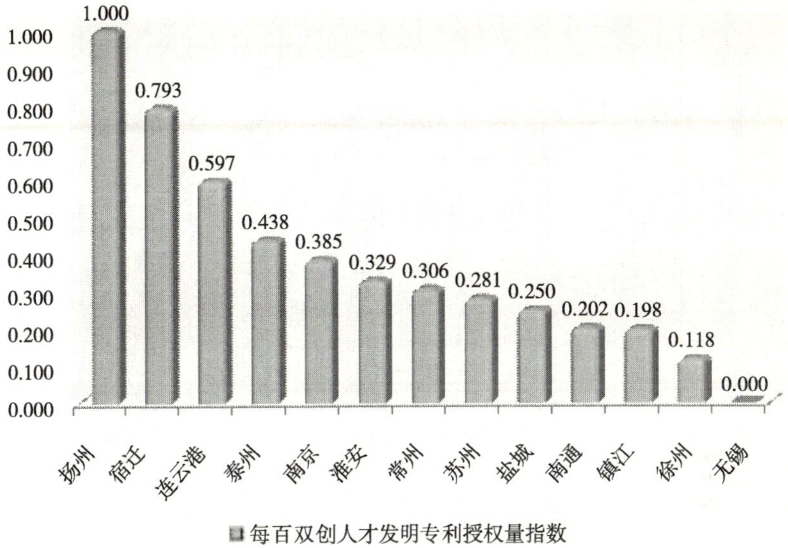

图3-16　2013年江苏地区每百双创人才发明专利授权量指数

（二）专利运用三级指标分析

1.专利运用数量指标

（1）指标设计

专利运用数量指标下设1个三级指标：专利实施许可合同备案量（见图3-17）。

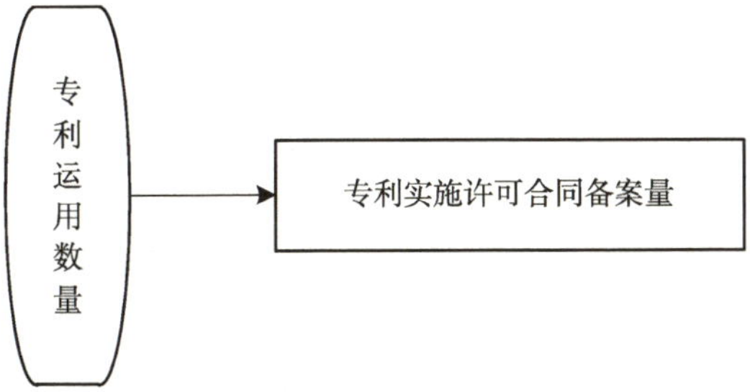

图3-17　专利运用数量指标设计

（2）专利运用数量指标分析

在专利运用数量指标中，专利实施许可合同备案量排名整体趋势具有显著的地区特征，排名前三位依次是南京市、苏州市、无锡市，排名后四位依次是淮安市、盐城市、连云港市、宿迁市，表现为“苏南高、苏北低”的特点，这与目前江苏省专利运用发展现状相匹配（见表3-9）。

表3-9　2013年江苏专利运用数量指标指数

地 区	专利运用数量指标		专利实施许可合同备案量	
	指数	排名	指数	排名
南京市	1.000	1	1.000	1
无锡市	0.572	3	0.572	3
徐州市	0.168	9	0.168	9
常州市	0.558	4	0.558	4
苏州市	0.774	2	0.774	2
南通市	0.322	6	0.322	6
连云港市	0.010	12	0.010	12
淮安市	0.058	10	0.058	10
盐城市	0.058	10	0.058	10
扬州市	0.346	5	0.346	5
镇江市	0.284	8	0.284	8
泰州市	0.298	7	0.298	7
宿迁市	0.000	13	0.000	13

2.专利运用效果指标

（1）指标设计

专利运用效果指标下设3个三级指标：专利实施计划项目数、重大科技成果转化项目数、专利质押融资金额（见图3-18）。

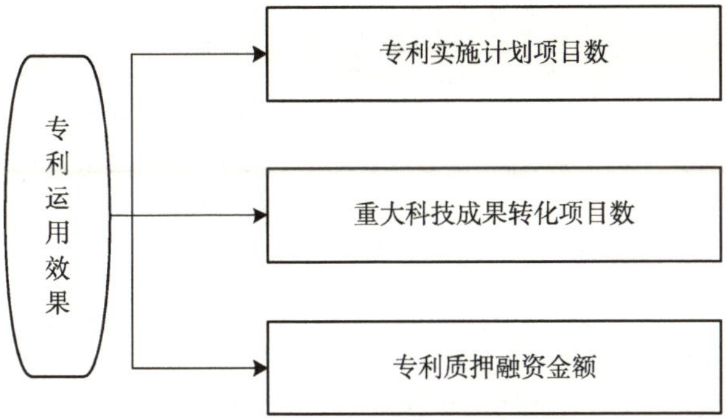

图3-18　专利运用效果指标设计

（2）专利运用效果指标分析

在专利运用效果指标中，3个三级指标指数排名整体趋势均具有较为明显的地区特征。南京市、无锡市、苏州市和泰州市专利实施计划项目数并列全省第一；重大科技成果转化项目数前三位依次是苏州市、无锡市、南京市；专利质押融资金额前三位依次是镇江市、无锡市、南通市，大部分属于苏南地区。专利实施计划项目数后四位依次是淮安市、盐城市、宿迁市、连云港市；重大科技成果转化项目数后四位依次是连云港市、泰州市、宿迁市、淮安市；专利质押融资金额后三位依次是宿迁市、连云港市、淮安市，除泰州市，全部为苏北地区（见表3-10）。2013年，江苏省积极探索知识产权运用新模式，加强知识产权与金融资本的结合，促进知识产权产业化、市场化，南京市、镇江市、南通市、苏州市等出台政策，开展知识产权保险、运营等业务，专利运用效果三级指标指数排名情况从数量角度很好地展现了江苏省地区专利运用发展状况。

表3-10　2013年江苏专利运用效果指标指数

地 区	专利运用效果指标		专利实施计划项目数		重大科技成果转化项目数		专利质押融资金额	
	指数	排名	指数	排名	指数	排名	指数	排名
南京市	0.729	3	1.000	1	0.792	3	0.394	6

续表

地区	专利运用效果指标		专利实施计划项目数		重大科技成果转化项目数		专利质押融资金额	
	指数	排名	指数	排名	指数	排名	指数	排名
无锡市	0.829	1	1.000	1	0.875	2	0.613	2
徐州市	0.277	10	0.500	8	0.250	8	0.080	10
常州市	0.510	6	0.750	5	0.625	4	0.154	9
苏州市	0.814	2	1.000	1	1.000	1	0.443	4
南通市	0.472	7	0.500	8	0.375	6	0.541	3
连云港市	0.074	13	0.000	13	0.208	10	0.013	12
淮安市	0.083	12	0.250	10	0.000	13	0.000	13
盐城市	0.307	9	0.250	10	0.250	8	0.422	5
扬州市	0.561	5	0.750	5	0.542	5	0.390	7
镇江市	0.694	4	0.750	5	0.333	7	1.000	1
泰州市	0.468	8	1.000	1	0.208	10	0.197	8
宿迁市	0.111	11	0.250	10	0.042	12	0.040	11

（三）专利保护三级指标分析

1.专利行政保护指标

（1）指标设计

专利行政保护指标下设3个三级指标：查处专利侵权纠纷和假冒专利案件量、正版正货承诺企业数量、维权援助中心举报投诉受理量（见图3-19）。

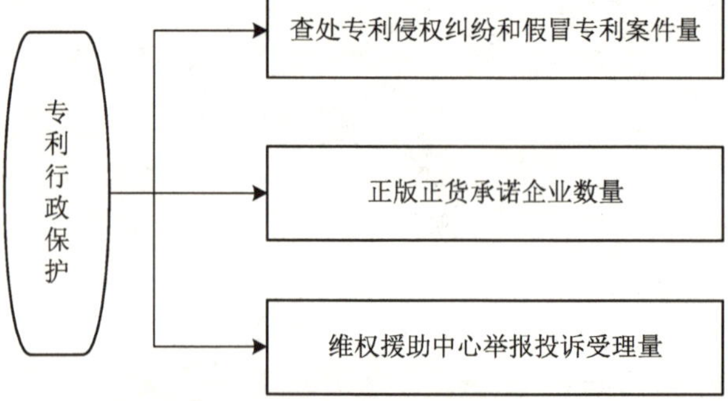

图3-19 专利行政保护指标设计

（2）专利行政保护指标分析

在专利行政保护指标中，3个三级指标指数排名整体趋势均不具有明显的地区特征。查处专利侵权纠纷和假冒专利案件量前三位依次是苏州市、常州市、南通市，正版正货承诺企业数量前三位依次是淮安市、南京市、无锡市，除南通市和淮安市，全部属于苏南地区。淮安市正版正货承诺工作走在了全省前列，正版正货承诺企业数量排名全省第1，且与第2位的南京市相差0.2以上。苏北地区专利行政保护实力较弱，查处专利侵权纠纷和假冒专利案件量后三位依次是宿迁市、扬州市、连云港市，正版正货承诺企业数量后三位依次是宿迁市、徐州市、连云港市，除扬州市，全部为苏北地区（见表3-11）。目前，全省开展维权援助举报投诉工作的有6个省辖市，其中排名前四位的依次是南通市、镇江市、无锡市、泰州市，苏南和苏中地区各占了两个位次，苏北地区尚无省辖市开展维权援助举报投诉工作。苏北地区各省辖市应紧跟全省知识产权事业发展，进一步加大专利行政保护广度和深度，促进地区专利事业健康、高效、有序发展。

表3-11　2013年江苏专利行政保护指标指数

地区	专利行政保护指标		查处专利侵权纠纷和假冒专利案件量		正版正货承诺企业数量		维权援助中心举报投诉受理量	
	指数	排名	指数	排名	指数	排名	指数	排名
南京市	0.363	8	0.294	5	0.794	2	0.000	7
无锡市	0.578	3	0.276	6	0.746	3	0.711	3
徐州市	0.070	11	0.132	8	0.079	12	0.000	7
常州市	0.492	5	0.859	2	0.238	8	0.378	6
苏州市	0.689	2	1.000	1	0.667	4	0.400	5
南通市	0.742	1	0.608	3	0.619	5	1.000	1
连云港市	0.000	13	0.000	13	0.000	13	0.000	7
淮安市	0.377	6	0.130	9	1.000	1	0.000	7
盐城市	0.093	10	0.103	10	0.175	9	0.000	7

续表

地区	专利行政保护指标		查处专利侵权纠纷和假冒专利案件量		正版正货承诺企业数量		维权援助中心举报投诉受理量	
	指数	排名	指数	排名	指数	排名	指数	排名
扬州市	0.147	9	0.027	12	0.413	7	0.000	7
镇江市	0.569	4	0.499	4	0.476	6	0.733	2
泰州市	0.374	7	0.235	7	0.175	9	0.711	3
宿迁市	0.054	12	0.036	11	0.127	11	0.000	7

2.专利司法保护指标

（1）指标设计

专利司法保护指标下设2个三级指标：法院审结知识产权一审案件量、法院审结“三审合一”知识产权刑事试点案件量（见图3-20）。

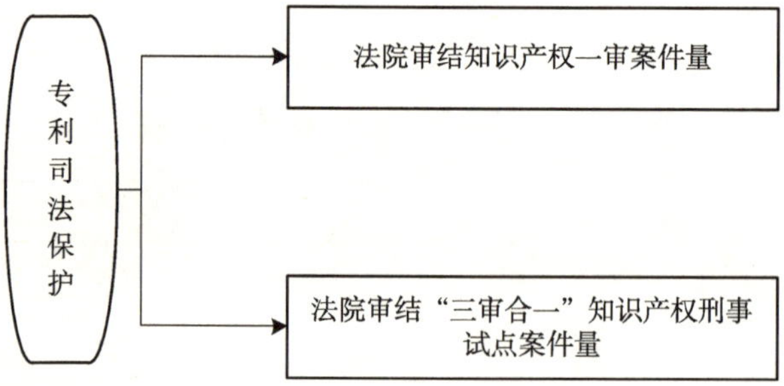

图3-20 专利司法保护指标设计

（2）专利司法保护指标分析

在专利司法保护指标中，2个三级指标指数排名整体趋势均具有比较明显的地区特征。法院审结知识产权一审案件量和法院审结“三审合一”知识产权刑事试点案件量前三位分布在无锡市、南京市、苏州市，全部为苏南地区；法院审结知识产权一审案件量后三位依次是宿迁市、淮安市、连云港市，法院审结“三审合一”知识产权刑事试点案件量后三位依次是连云港市、宿迁市、常州市，除常州市，全部为苏北地区。常州市法院审结“三审合一”知识产权刑事试点案件量排名全省第13，在一定程度上说明常州市专利司法保护水平还有很大的上升空间（见表3-12）。

表3-12　2013年江苏专利司法保护指标指数

地区	专利司法保护指标		法院审结知识产权一审案件量		法院审结“三审合一”知识产权刑事试点案件量	
	指数	排名	指数	排名	指数	排名
南京市	0.769	2	0.974	2	0.563	2
无锡市	0.896	1	0.792	3	1.000	1
徐州市	0.318	5	0.241	6	0.394	5
常州市	0.263	7	0.525	4	0.000	13
苏州市	0.726	3	1.000	1	0.451	3
南通市	0.361	4	0.327	5	0.394	5
连云港市	0.064	13	0.000	13	0.127	11
淮安市	0.204	9	0.056	12	0.352	7
盐城市	0.165	11	0.076	10	0.254	8
扬州市	0.318	5	0.184	8	0.451	3
镇江市	0.216	8	0.234	7	0.197	9
泰州市	0.190	10	0.183	9	0.197	9
宿迁市	0.099	12	0.070	11	0.127	11

（四）专利环境三级指标分析

1.专利管理环境指标

（1）指标设计

专利管理环境指标下设4个三级指标：知识产权专项经费投入，知识产权管理机构设置数，省实施知识产权战略试点示范县（市、区）、园区数，企业知识产权管理标准化和战略推进计划数（见图3-21）。

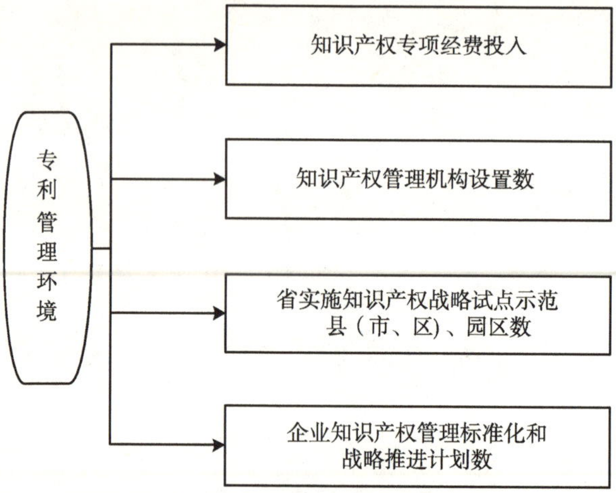

图3-21　专利管理环境指标设计

（2）专利管理环境指标分析

在专利管理环境指标中，企业知识产权管理标准化和战略推进计划数排名整体趋势具有显著的地区特征，前三位依次是苏州市、常州市、南京市，全部为苏南地区，后三位依次是淮安市、宿迁市、连云港市，全部为苏北地区；其他3个三级指标指数排名整体趋势均不具有明显的地区特征（见表3-13）。值得注意的是，徐州市知识产权管理机构设置数排名全省第2，这在一定程度上说明徐州市专利管理水平较好，但在全省13个省辖市、县（市、区）全部建立专门的知识产权管理机构的背景下，这一位次的取得必然与徐州市固有的行政区划数量较多有密不可分的关系。在今后的研究中，将进一步探究指标的解释力，提炼更有价值的三级指标。

表3-13　2013年江苏专利管理环境指标指数

地 区	专利管理环境指标		知识产权专项经费投入		知识产权管理机构设置数		省实施知识产权战略试点示范县（市、区）、园区数		企业知识产权管理标准化和战略推进计划数	
	指数	排名	指数	排名	指数	排名	指数	排名	指数	排名
南京市	0.629	2	0.144	6	1.000	1	0.778	3	0.593	3

续表

地区	专利管理环境指标		知识产权专项经费投入		知识产权管理机构设置数		省实施知识产权战略试点示范县（市、区)、园区数		企业知识产权管理标准化和战略推进计划数	
	指数	排名	指数	排名	指数	排名	指数	排名	指数	排名
无锡市	0.510	4	0.494	2	0.667	4	0.333	10	0.547	4
徐州市	0.413	6	0.071	8	0.833	2	0.556	5	0.193	10
常州市	0.515	3	0.157	5	0.333	8	0.889	2	0.680	2
苏州市	0.958	1	1.000	1	0.833	2	1.000	1	1.000	1
南通市	0.468	5	0.303	3	0.500	6	0.667	4	0.400	6
连云港市	0.202	12	0.029	11	0.333	8	0.444	8	0.000	13
淮安市	0.240	10	0.000	13	0.500	6	0.333	10	0.127	11
盐城市	0.266	9	0.038	10	0.667	4	0.000	13	0.360	7
扬州市	0.271	8	0.052	9	0.167	11	0.556	5	0.307	8
镇江市	0.362	7	0.178	4	0.167	11	0.556	5	0.547	4
泰州市	0.230	11	0.083	7	0.333	8	0.222	12	0.280	9
宿迁市	0.138	13	0.016	12	0.000	13	0.444	8	0.093	12

2.专利服务环境指标

（1）指标设计

专利服务环境指标下设3个三级指标：每万件专利申请拥有知识产权服务机构数、专利代理率、专利电子申请率（见图3-22）。

（2）专利服务环境指标分析

在专利服务环境指标中，每万件专利申请拥有知识产权服务机构数、专利代理率、专利电子申请率3个三级指标指数排名整体趋势均不具有明显的地区特征，苏南、苏中和苏北地区省辖市排名具有随机性（见图3-23、图3-24、图3-25）。

电子申请率前三位依次是宿迁市、徐州市、连云港市，全部为苏北地区；宿迁市的“二率”指标——专利代理率和专利电子申请率均排名全省第1，虽然存在专利申请总量较少的影响，但也在一定程度上说明苏北地区专利服务环境较好（见表3-14）。

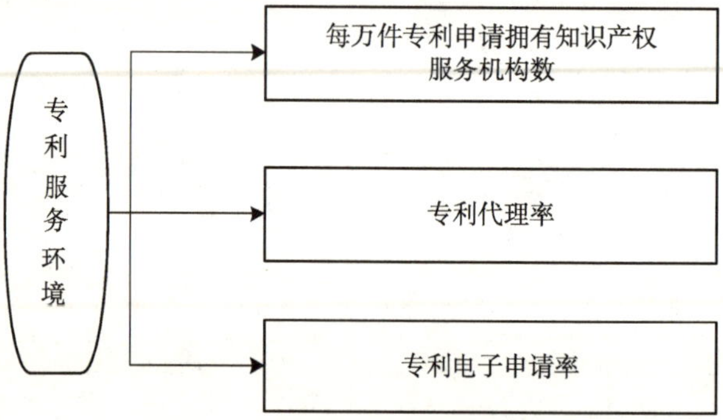

图3-22　专利服务环境指标设计

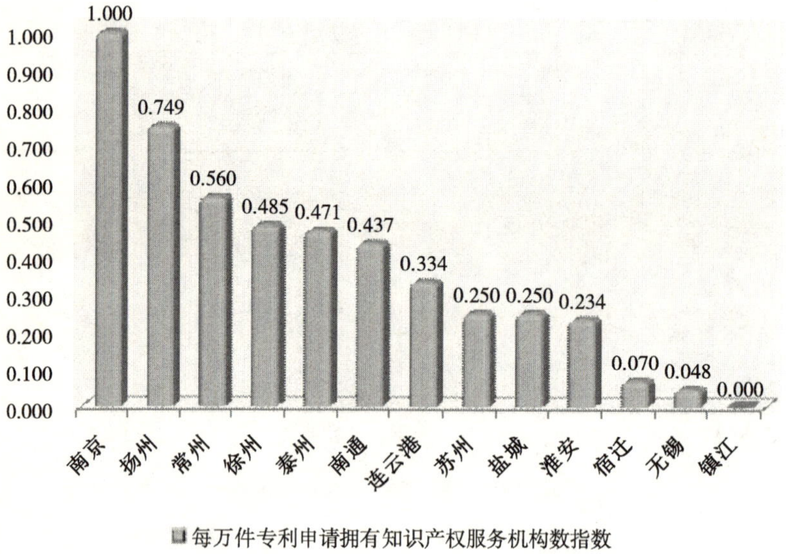

图3-23　2013年江苏地区每万件专利申请拥有知识产权服务机构数指数

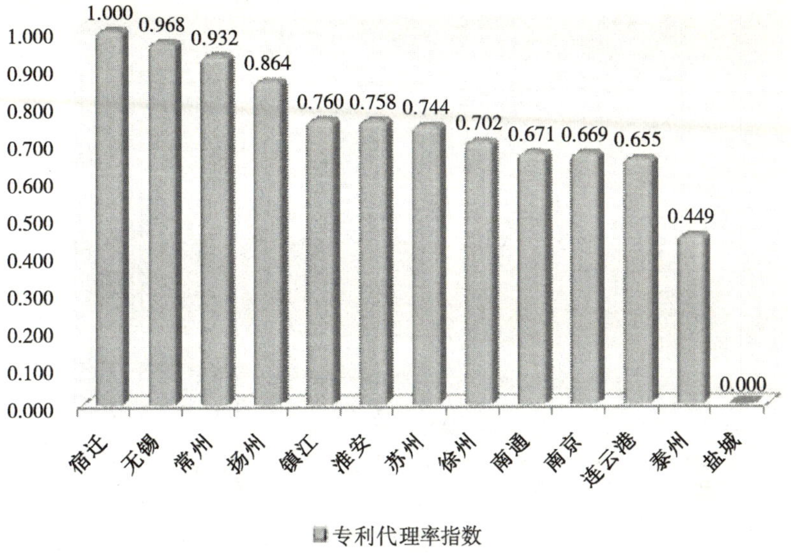

图3-24　2013年江苏地区专利代理率指数

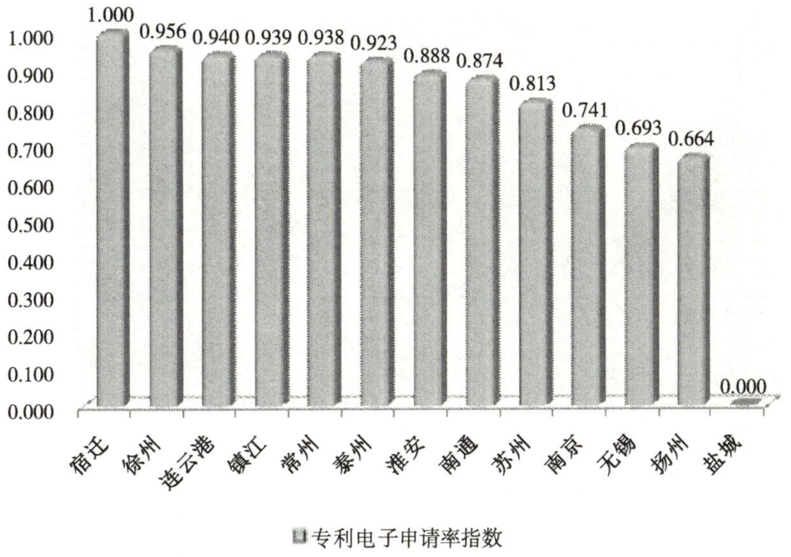

图3-25　2013年江苏地区专利电子申请率指数

表3-14 2013年江苏专利服务环境指标指数

地区	专利服务环境指标		每万件专利申请拥有知识产权服务机构数		专利代理率		专利电子申请率	
	指数	排名	指数	排名	指数	排名	指数	排名
南京市	0.803	2	1.000	1	0.669	10	0.741	10
无锡市	0.570	11	0.048	12	0.968	2	0.693	11
徐州市	0.714	4	0.485	4	0.702	8	0.956	2
常州市	0.810	1	0.560	3	0.932	3	0.938	5
苏州市	0.602	10	0.250	8	0.744	7	0.813	9
南通市	0.661	6	0.437	6	0.671	9	0.874	8
连云港市	0.643	7	0.334	7	0.655	11	0.940	3
淮安市	0.627	8	0.234	10	0.758	6	0.888	7
盐城市	0.083	13	0.250	8	0.000	13	0.000	13
扬州市	0.759	3	0.749	2	0.864	4	0.664	12
镇江市	0.566	12	0.000	13	0.760	5	0.939	4
泰州市	0.614	9	0.471	5	0.449	12	0.923	6
宿迁市	0.690	5	0.070	11	1.000	1	1.000	1

3.专利人才环境指标

（1）指标设计

专利人才环境指标下设5个三级指标：知识产权专业人才培训人数、知识产权工程师评定人数、通过全国专利代理人资格考试人数、知识产权高级人才数、有专利申请和授权的双创人才数（见图3-26）。

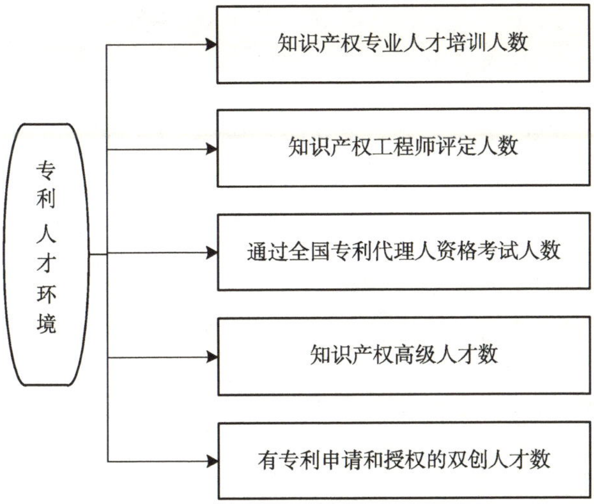

图3-26　专利人才环境指标设计

（2）专利人才环境指标分析

在专利人才环境指标中，5个三级指标指数排名整体趋势均具有比较明显的地区特征。知识产权专业人才培训人数、知识产权工程师评定人数、通过全国专利代理人资格考试人数前三位分布在南京市、苏州市、无锡市，知识产权高级人才数前三位依次是南京市、苏州市、镇江市，有专利申请和授权的双创人才数前三位依次是苏州市、无锡市、南京市，全部为苏南地区；知识产权专业人才培训人数、知识产权工程师评定人数、通过全国专利代理人资格考试人数、有专利申请和授权的双创人才数4个三级指标指数排名后三位的省辖市中，除了镇江市和常州市，其他全部为苏北地区（见表3-15）。全省各类知识产权人才主要汇聚在南京、苏州、无锡、镇江等经济较为发达的苏南地区，“人才促进发展，发展留住人才”，形成良性循环，促进该地区专利实力向更高的台阶迈进；苏北等经济欠发达地区，应采取各种措施培养、吸收、引进知识产权专业人才，改善专利发展的软环境，进而促进专利事业的发展。

表3-15 2013年江苏专利人才环境指标指数

地区	专利人才环境指标		知识产权专业人才培训人数		知识产权工程师评定人数		通过全国专利代理人资格考试人数		知识产权高级人才数		有专利申请和授权的双创人才数	
	指数	排名	指数	排名	指数	排名	指数	排名	指数	排名	指数	排名
南京市	0.786	1	0.519	3	0.957	2	1.000	1	1.000	1	0.453	3
无锡市	0.495	3	0.639	2	1.000	1	0.247	3	0.067	4	0.520	2
徐州市	0.078	10	0.031	10	0.174	8	0.116	5	0.000	5	0.067	10
常州市	0.156	6	0.358	4	0.217	6	0.151	4	0.000	5	0.053	11
苏州市	0.777	2	1.000	1	0.826	3	0.726	2	0.333	2	1.000	1
南通市	0.095	9	0.090	6	0.130	9	0.041	7	0.000	5	0.213	6
连云港市	0.020	13	0.016	12	0.043	12	0.041	7	0.000	5	0.000	13
淮安市	0.030	12	0.028	11	0.087	10	0.007	12	0.000	5	0.027	12
盐城市	0.103	8	0.073	8	0.217	6	0.014	11	0.000	5	0.213	6
扬州市	0.223	4	0.040	9	0.609	4	0.041	7	0.000	5	0.427	4
镇江市	0.199	5	0.307	5	0.000	13	0.116	5	0.267	3	0.307	5
泰州市	0.133	7	0.080	7	0.435	5	0.041	7	0.000	5	0.107	8
宿迁市	0.033	11	0.000	13	0.087	10	0.000	13	0.000	5	0.080	9

镇江市知识产权工程师评定人数排名全省第13、常州市有专利申请和授权的双创人才数排名全省第11，成为影响专利人才环境实力的关键指标。镇江市和常州市应从具体的三级指标出发，着力改善不足，提升专利人才环境软实力。

第四章　地区专利实力分项指标分析

一、南京市专利实力分项指标分析

南京市专利实力较强，专利实力指数达0.721，排名全省第2。如图4-1所示，南京市专利创造、专利运用、专利保护和专利环境四个指标发展较不均衡。

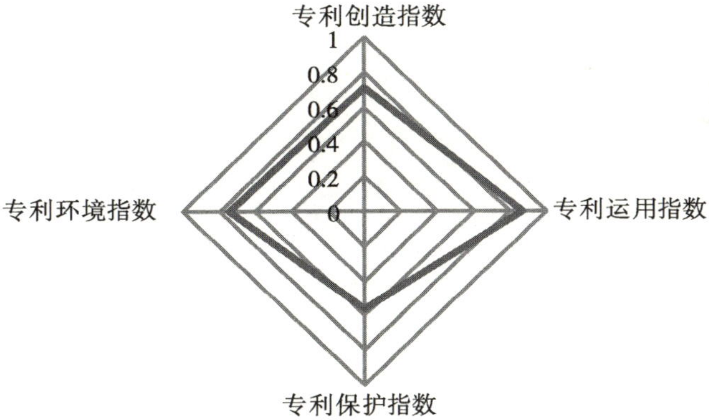

图4-1　2013年南京市专利实力一级指标指数

南京市专利运用指标指数最高，为0.865，排名全省第1，但三级指标专利质押融资金额指数为0.394（表4-1），排名全省第6，南京市在专利质押融资方面还有较大的提升空间。专利保护指标指数最低，为0.566，排名全省第3；二级指标中，行政保护指标指数较低，为0.363，排名全省第8；三级指标中，查处专利侵权纠纷和假冒专利案件量指标指数不占优势，为0.294，排名全省第5。南京市目前没有设立专门的维权援助中心，这也是其专利行政保护不占优势的原因之一。

表4-1 2013年南京市专利实力分项指标指数

专利实力指数 0.721			排名 2		
指标	指数	排名	指标	指数	排名
专利创造	0.713	2			
数量	0.661	2	高价值专利占授权发明专利比例	0.617	2
发明专利授权量	1.000	1	专利授权率	0.252	10
PCT国际专利申请量	0.426	3	专利奖获奖数量	1.000	1
战略性新兴产业专利授权量	0.797	2	**效率**	0.739	1
有专利申请高企数占高企总数比例	0.422	11	每万人口有效发明专利量	1.000	1
质量	0.738	1	每百双创人才发明专利授权量	0.385	5
发明专利授权量占比	1.000	1	每亿元GDP企业发明专利授权量	0.571	3
有发明专利授权企业数占有专利授权企业数比例	0.819	2	每千万元研发经费发明专利授权量	1.000	1
专利运用	0.865	1			
数量	1.000	1	专利实施计划项目数	1.000	1
专利实施许可合同备案量	1.000	1	重大科技成果转化项目数	0.792	3
效果	0.729	3	专利质押融资金额	0.394	6
专利保护	0.566	3			
行政保护	0.363	8	**司法保护**	0.769	2
查处专利侵权纠纷和假冒专利案件量	0.294	5	法院审结知识产权一审案件量	0.974	2

续表

专利实力指数 0.721			排名 2		
指标	指数	排名	指标	指数	排名
正版正货承诺企业数量	0.794	2	法院审结“三审合一”知识产权刑事试点案件量	0.563	2
维权援助中心举报投诉受理量	0.000	7			
专利环境	0.739	2			
管理	0.629	2	专利电子申请率	0.741	10
知识产权专项经费投入	0.144	6	**人才**	0.786	1
知识产权管理机构设置数	1.000	1	知识产权专业人才培训人数	0.519	3
省实施知识产权战略试点示范县（市、区)、园区数	0.778	3	知识产权工程师评定人数	0.957	2
企业知识产权管理标准化和战略推进计划数	0.593	3	通过全国专利代理人资格考试人数	1.000	1
服务	0.803	2	知识产权高级人才数	1.000	1
每万件专利申请拥有知识产权服务机构数	1.000	1	有专利申请和授权的双创人才数	0.453	3
专利代理率	0.669	10			

专利创造数量指标下有专利申请高企数占高企总数比例指标指数排名落入后三位，排名全省第11，专利创造质量指标专利授权率指标指数排名全省第10。南京市应进一步鼓励具有硬件优势和软件优势的高新技术企业加大研发投入，开展专利申请的培育、指导服务，引导各类创新主体申请创新程度高、技术含量大、有市场价值的专利，促进专利创造量质并举，齐头并进。

专利服务环境指标下专利代理率指标指数和专利电子申请率指标指数均排名全省第10，反映出南京市专利申请过程中，专业的专利代理资源和便捷的网络申报方法都没有被充分利用。

二、无锡市专利实力分项指标分析

无锡市专利实力较强，专利实力指数达0.625，排名全省第3。如图4-2所示，无锡市专利创造、专利运用、专利保护和专利环境四个指标发展不均衡。

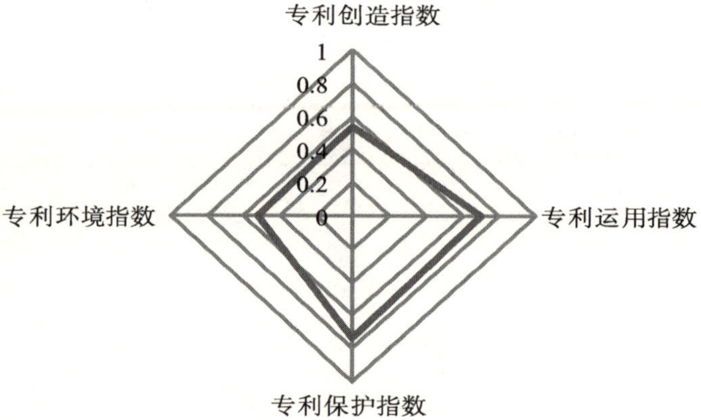

图4-2 2013年无锡市专利实力一级指标指数

无锡市专利保护指标指数最高，为0.737，排名全省第1（表4-2），但三级指标中，查处专利侵权纠纷和假冒专利案件量指标指数较低，为0.276，排名全省第6，无锡市专利行政保护方面还有较大的提升空间。专利环境指标指数最低，为0.525，排名全省第3；二级指标中，专利服务环境指标指数较低，为0.570，排名全省第11；三级指标中，每万件专利申请拥有知识产权服务机构数、专利电子申请率和省实施知识产权战略试点示范县（市、区），园区数指标指数较低，依次是0.048、0.693和0.333，排名依次是全省第12、第11和第10，反映了无锡市知识产权服务机构相对缺乏、便捷的专利网络申请方法没有被充分利用及战略试点示范工作不够深入等问题。

表4-2 2013年无锡市专利实力分项指标指数

专利实力指数 0.625			排名 3		
指标	指数	排名	指标	指数	排名
专利创造	0.535	3			
数量	0.599	3	高价值专利占授权发明专利比例	0.407	3
发明专利授权量	0.567	3	专利授权率	0.809	3
PCT国际专利申请量	0.435	2	专利奖获奖数量	0.235	4
战略性新兴产业专利授权量	0.624	3	**效率**	0.508	3
有专利申请高企数占高企总数比例	0.771	5	每万人口有效发明专利量	0.703	2
质量	0.499	3	每百双创人才发明专利授权量	0.000	13
发明专利授权量占比	0.231	3	每亿元GDP企业发明专利授权量	0.826	2
有发明专利授权企业数占有专利授权企业数比例	0.814	3	每千万元研发经费发明专利授权量	0.502	4
专利运用	0.701	3			
数量	0.572	3	专利实施计划项目数	1.000	1
专利实施许可合同备案量	0.572	3	重大科技成果转化项目数	0.875	2
效果	0.829	1	专利质押融资金额	0.613	2
专利保护	0.737	1			
行政保护	0.578	3	**司法保护**	0.896	1
查处专利侵权纠纷和假冒专利案件量	0.276	6	法院审结知识产权一审案件量	0.792	3
正版正货承诺企业数量	0.746	3	法院审结“三审合一”知识产权刑事试点案件量	1.000	1
维权援助中心举报投诉受理量	0.711	3			
专利环境	0.525	3			
管理	0.510	4	专利电子申请率	0.693	11

续表

专利实力指数 0.625			排名 3		
指标	指数	排名	指标	指数	排名
知识产权专项经费投入	0.494	2	**人才**	0.495	3
知识产权管理机构设置数	0.667	4	知识产权专业人才培训人数	0.639	2
省实施知识产权战略试点示范县（市、区）、园区数	0.333	10	知识产权工程师评定人数	1.000	1
企业知识产权管理标准化和战略推进计划数	0.547	4	通过全国专利代理人资格考试人数	0.247	3
服务	0.570	11	知识产权高级人才数	0.067	4
每万件专利申请拥有知识产权服务机构数	0.048	12	有专利申请和授权的双创人才数	0.520	2
专利代理率	0.968	2			

与苏州市比较，无锡市的发明专利授权量占比和专利代理率较占优势，排名均领先5个位次。与常州市比较，无锡市绝大部分指标具有优势，个别指标相对较弱，二级指标专利服务环境排名较常州市落后10个位次，三级指标每百双创人才发明专利授权量、查处专利侵权纠纷和假冒专利案件量、省实施知识产权战略试点示范县（市、区）、园区数、每万件专利申请拥有知识产权服务机构数和专利电子申请率排名分别较常州市落后6个、4个、8个、9个和6个位次。

但无锡市专利创造效率指标每百双创人才发明专利授权量排名落入后三位，排名全省第13，说明无锡市应加大力度做好专利申请的宣传和服务工作，鼓励企事业单位、个人自主创新，提高自主知识产权保护意识，提升专利申请的数量和质量。

三、徐州市专利实力分项指标分析

徐州市专利实力较弱，专利实力指数为0.254，排名全省第9。如图4-3所示，徐州市专利创造、专利运用、专利保护和专利环境四个指标发展较不均衡。

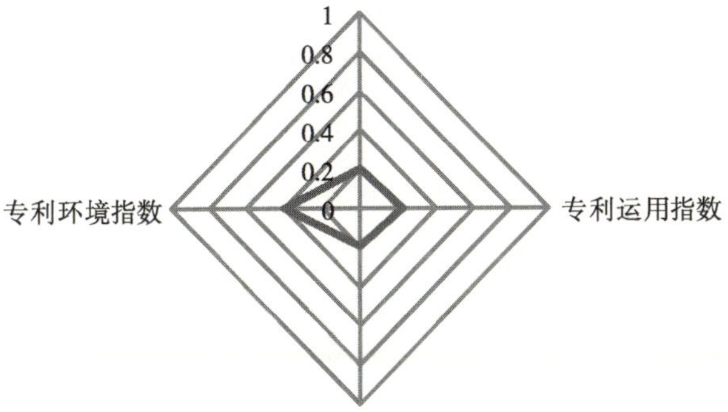

图4-3 2013年徐州市专利实力一级指标指数

徐州市专利环境指标指数最高，为0.402，排名全省第7（表4-3）。徐州市专利创造、专利运用和专利保护指标指数均较低，依次是0.198、0.223和0.194，依次排名全省第9、第9、第10。徐州市的34个专利实力三级指标中，排名全省前三位的仅2个，依次是专利管理环境指标下知识产权管理机构设置数和专利服务环境指标下专利电子申请率。

表4-3 2013年徐州市专利实力分项指标指数

专利实力指数 0.254			排名 9		
指标	指数	排名	指标	指数	排名
专利创造	0.198	9			
数量	0.224	8	高价值专利占授权发明专利比例	0.037	9

续表

专利实力指数 0.254			排名 9		
指标	指数	排名	指标	指数	排名
发明专利授权量	0.107	7	专利授权率	0.520	6
PCT国际专利申请量	0.103	7	专利奖获奖数量	0.206	5
战略性新兴产业专利授权量	0.179	6	**效率**	0.133	12
有专利申请高企数占高企总数比例	0.506	9	每万人口有效发明专利量	0.066	10
质量	0.236	8	每百双创人才发明专利授权量	0.118	12
发明专利授权量占比	0.166	9	每亿元GDP企业发明专利授权量	0.112	10
有发明专利授权企业数占有专利授权企业数比例	0.252	12	每千万元研发经费发明专利授权量	0.237	8
专利运用	0.223	9			
数量	0.168	9	专利实施计划项目数	0.500	8
专利实施许可合同备案量	0.168	9	重大科技成果转化项目数	0.250	8
效果	0.277	10	专利质押融资金额	0.080	10
专利保护	0.194	10			
行政保护	0.070	11	**司法保护**	0.318	5
查处专利侵权纠纷和假冒专利案件量	0.132	8	法院审结知识产权一审案件量	0.241	6
正版正货承诺企业数量	0.079	12	法院审结“三审合一”知识产权刑事试点案件量	0.394	5
维权援助中心举报投诉受理量	0.000	7			
专利环境	0.402	7			
管理	0.413	6	专利电子申请率	0.956	2
知识产权专项经费投入	0.071	8	**人才**	0.078	10

续表

专利实力指数　0.254			排名　9		
指标	指数	排名	指标	指数	排名
知识产权管理机构设置数	0.833	2	知识产权专业人才培训人数	0.031	10
省实施知识产权战略试点示范县（市、区）、园区数	0.556	5	知识产权工程师评定人数	0.174	8
企业知识产权管理标准化和战略推进计划数	0.193	10	通过全国专利代理人资格考试人数	0.116	5
服务	0.714	4	知识产权高级人才数	0.000	5
每万件专利申请拥有知识产权服务机构数	0.485	4	有专利申请和授权的双创人才数	0.067	10
专利代理率	0.702	8			

值得欣慰的是，徐州市专利司法保护实力较好，其指标指数排名全省第5，三级指标法院审结知识产权一审案件量指标指数和法院审结“三审合一”知识产权刑事试点案件量指标指数，分别排名全省第6、第5，处于全省中上等水平。

徐州市应继续围绕创建国家知识产权示范城市工作部署，贯彻落实省、市知识产权战略纲要精神，大力培育自主知识产权，促进专利成果产业化，提高知识产权经济价值，积极营造良好的知识产权环境，使全市知识产权工作迈上新台阶。

四、常州市专利实力分项指标分析

常州市专利实力较好，专利实力指数为0.435，排名全省第4。如图4-4所示，常州市专利创造、专利运用、专利保护和专利环境四个指标发展较不均衡。

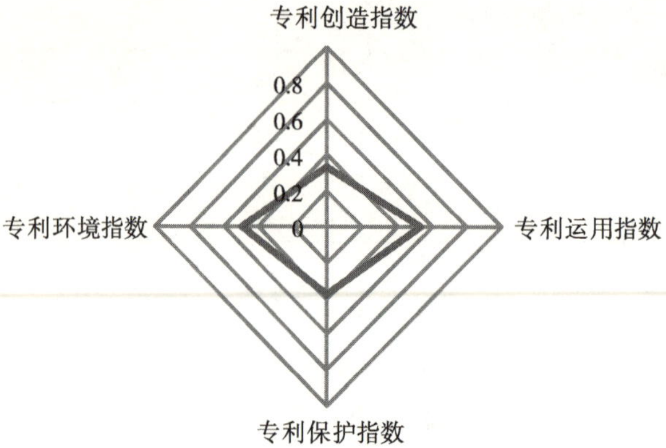

图4-4　2013年常州市专利实力一级指标指数

常州市专利运用指标指数最高，为0.534，排名全省第4（表4-4），但三级指标专利质押融资金额指数为0.154，排名全省第9，常州市专利质押融资还有较大的提升空间。专利创造指标指数最低，为0.335，排名全省第5，处于全省中上等水平，但有专利申请高企数占高企总数比例落入后三位，排名全省第12，常州市应进一步鼓励具有硬件优势和软件优势的高新技术企业加大研发投入，开展专利申请的培育、指导服务，提升高新技术企业专利申请意识，提高专利申请数量和质量。

表4-4　2013年常州市专利实力分项指标指数

专利实力指数　0.435			排名　4		
指标	指数	排名	指标	指数	排名
专利创造	0.335	5			
数量	0.286	6	高价值专利占授权发明专利比例	0.173	5
发明专利授权量	0.237	4	专利授权率	0.357	8
PCT国际专利申请量	0.152	5	专利奖获奖数量	0.265	3
战略性新兴产业专利授权量	0.438	4	**效率**	0.437	4
有专利申请高企数占高企总数比例	0.315	12	每万人口有效发明专利量	0.472	4

续表

专利实力指数 0.435			排名 4		
指标	指数	排名	指标	指数	排名
质量	0.283	7	每百双创人才发明专利授权量	0.306	7
发明专利授权量占比	0.215	5	每亿元GDP企业发明专利授权量	0.560	4
有发明专利授权企业数占有专利授权企业数比例	0.404	7	每千万元研发经费发明专利授权量	0.408	6
专利运用	0.534	4			
数量	0.558	4	专利实施计划项目数	0.750	5
专利实施许可合同备案量	0.558	4	重大科技成果转化项目数	0.625	4
效果	0.510	6	专利质押融资金额	0.154	9
专利保护	0.378	6			
行政保护	0.492	5	**司法保护**	0.263	7
查处专利侵权纠纷和假冒专利案件量	0.859	2	法院审结知识产权一审案件量	0.525	4
正版正货承诺企业数量	0.238	8	法院审结“三审合一”知识产权刑事试点案件量	0.000	13
维权援助中心举报投诉受理量	0.378	6			
专利环境	0.494	4			
管理	0.515	3	专利电子申请率	0.938	5
知识产权专项经费投入	0.157	5	**人才**	0.156	6
知识产权管理机构设置数	0.333	8	知识产权专业人才培训人数	0.358	4
省实施知识产权战略试点示范县（市、区）、园区数	0.889	2	知识产权工程师评定人数	0.217	6
企业知识产权管理标准化和战略推进计划数	0.680	2	通过全国专利代理人资格考试人数	0.151	4
服务	0.810	1	知识产权高级人才数	0.000	5
每万件专利申请拥有知识产权服务机构数	0.560	3	有专利申请和授权的双创人才数	0.053	11
专利代理率	0.932	3			

与苏州市和无锡市比较，常州市具有相对优势的指标较少，主要表现在二级指标专利服务环境较占优势，排名分别领先9个和10个位次；具体到三级指标，每万件专利申请拥有知识产权服务机构数指标指数排名分别领先5个和9个位次，专利电子申请率指标指数排名分别领先4个和6个位次。

常州市专利司法保护指标下法院审结"三审合一"知识产权刑事试点案件量和专利人才环境指标下有专利申请和授权的双创人才数排名落入后三位，分别排名全省第13和第11，说明常州市应加大力度，做好专利申请和保护的宣传和服务工作，鼓励企事业单位、个人自主创新，提高自主知识产权保护意识，稳步提升专利申请的数量和质量。

五、苏州市专利实力分项指标分析

苏州市专利实力最强，专利实力指数达0.752，排名全省第1。如图4-5所示，苏州市专利创造、专利运用、专利保护和专利环境四个指标发展均衡。

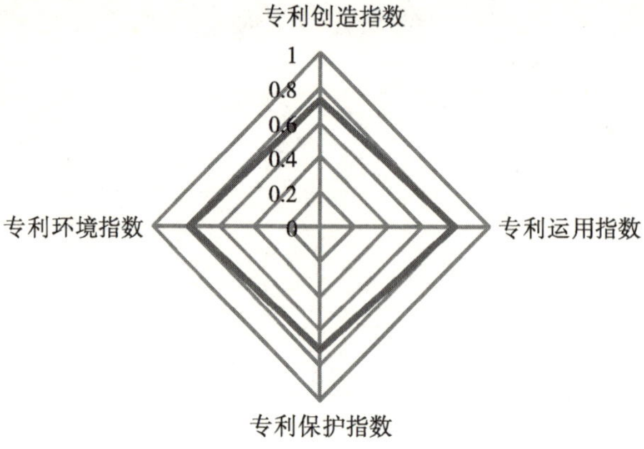

图4-5　2013年苏州市专利实力一级指标指数

苏州市专利实力4个一级指标，排名全省第1的达2个，分别为专利创造指标和专利环境指标，排名全省第二的达2个，分别为专利运用和专利保护指标；10个二级指标，排名全省前三的达9个，排名全省第1的2个，但专利服务环境指标排名全省第10；34个三级指标，排名全省前三的达24个，排名全省第1的达14个，专利电子申请率指标排名全省第9。

表4-5　2013年苏州市专利实力分项指标指数

专利实力指数　0.752			排名　1		
指标	指数	排名	指标	指数	排名
专利创造	0.727	1			
数量	0.900	1	高价值专利占授权发明专利比例	1.000	1
发明专利授权量	0.932	2	专利授权率	1.000	1
PCT国际专利申请量	1.000	1	专利奖获奖数量	0.412	2
战略性新兴产业专利授权量	1.000	1	**效率**	0.629	2
有专利申请高企数占高企总数比例	0.666	6	每万人口有效发明专利量	0.667	3
质量	0.652	2	每百双创人才发明专利授权量	0.281	8
发明专利授权量占比	0.169	8	每亿元GDP企业发明专利授权量	1.000	1
有发明专利授权企业数占有专利授权企业数比例	0.678	5	每千万元研发经费发明专利授权量	0.567	2
专利运用	0.794	2			
数量	0.774	2	专利实施计划项目数	1.000	1
专利实施许可合同备案量	0.774	2	重大科技成果转化项目数	1.000	1
效果	0.814	2	专利质押融资金额	0.443	4
专利保护	0.708	2			
行政保护	0.689	2	**司法保护**	0.726	3
查处专利侵权纠纷和假冒专利案件量	1.000	1	法院审结知识产权一审案件量	1.000	1

续表

专利实力指数 0.752			排名 1		
指标	指数	排名	指标	指数	排名
正版正货承诺企业数量	0.667	4	法院审结“三审合一”知识产权刑事试点案件量	0.451	3
维权援助中心举报投诉受理量	0.400	5			
专利环境	0.779	1			
管理	0.958	1	专利电子申请率	0.813	9
知识产权专项经费投入	1.000	1	**人才**	0.777	2
知识产权管理机构设置数	0.833	2	知识产权专业人才培训人数	1.000	1
省实施知识产权战略试点示范县（市、区)、园区数	1.000	1	知识产权工程师评定人数	0.826	3
企业知识产权管理标准化和战略推进计划数	1.000	1	通过全国专利代理人资格考试人数	0.726	2
服务	0.602	10	知识产权高级人才数	0.333	2
每万件专利申请拥有知识产权服务机构数	0.250	8	有专利申请和授权的双创人才数	1.000	1
专利代理率	0.744	7			

与无锡市和常州市比较，苏州市绝大部分指标具有优势，个别指标相对较弱。二级指标专利服务环境指标排名较常州市落后9个位次，三级指标发明专利授权量占比排名较无锡市和常州市分别落后5个和3个位次，专利代理率指标排名较无锡市和常州市分别落后5个和4个位次，每万件专利申请拥有知识产权服务机构数和专利电子申请率排名较常州市分别落后5个和4个位次。

2013年，苏州市深入实施知识产权战略，营造良好发展环境，增强知识产权区域综合实力，以建设国家知识产权示范城市和国家级知识产权集聚区为抓手，着力专利提质增效，提升企业专利综合运用能力，加强专利保护，完善服务体系建设，专利事业得到了进一步发展。但全市专利服务环境在全省不占优势，苏州市应在营造有利于服务业发展环境上下更大功夫，不断提高知识产权服务业的发展水平。

六、南通市专利实力分项指标分析

南通市专利实力较好，专利实力指数为0.420，排名全省第5。如图4-6所示，南通市专利创造、专利运用、专利保护和专利环境四个指标发展较不均衡。

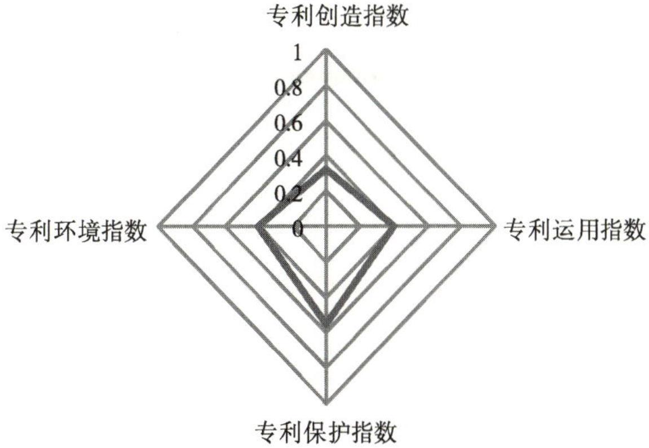

图4-6　2013年南通市专利实力一级指标指数

南通市专利保护指标指数最高，为0.552，排名全省第4，二级、三级指标指数排名较为均衡，排名位于全省第1至第5之间（表4-6）。专利创造指标指数最低，为0.321，排名全省第7，三级指标发明专利授权量占比指标指数和每百双创人才发明专利授权量指标指数较弱，排名全省第11和第10，南通市应做好专利申请的宣传和服务工作，将抓专利质量放在更加突出的位置，以提升专利价值为重点，实施高价值专利培育计划，积极优化专利结构。

表4-6 2013年南通市专利实力分项指标指数

专利实力指数 0.420			排名 5		
指标	指数	排名	指标	指数	排名
专利创造	0.321	7			
数量	0.390	4	高价值专利占授权发明专利比例	0.111	7
发明专利授权量	0.145	6	专利授权率	0.857	2
PCT国际专利申请量	0.204	4	专利奖获奖数量	0.088	9
战略性新兴产业专利授权量	0.210	5	**效率**	0.237	8
有专利申请高企数占高企总数比例	1.000	1	每万人口有效发明专利量	0.288	6
质量	0.335	6	每百双创人才发明专利授权量	0.202	10
发明专利授权量占比	0.080	11	每亿元GDP企业发明专利授权量	0.305	6
有发明专利授权企业数占有专利授权企业数比例	0.539	6	每千万元研发经费发明专利授权量	0.151	9
专利运用	0.397	7			
数量	0.322	6	专利实施计划项目数	0.500	8
专利实施许可合同备案量	0.322	6	重大科技成果转化项目数	0.375	6
效果	0.472	7	专利质押融资金额	0.541	3
专利保护	0.552	4			
行政保护	0.742	1	**司法保护**	0.361	4
查处专利侵权纠纷和假冒专利案件量	0.608	3	法院审结知识产权一审案件量	0.327	5
正版正货承诺企业数量	0.619	5	法院审结“三审合一”知识产权刑事试点案件量	0.394	5
维权援助中心举报投诉受理量	1.000	1			
专利环境	0.408	6			
管理	0.468	5	专利电子申请率	0.874	8

续表

专利实力指数 0.420			排名 5		
指标	指数	排名	指标	指数	排名
知识产权专项经费投入	0.303	3	**人才**	0.095	9
知识产权管理机构设置数	0.500	6	知识产权专业人才培训人数	0.090	6
省实施知识产权战略试点示范县（市、区）、园区数	0.667	4	知识产权工程师评定人数	0.130	9
企业知识产权管理标准化和战略推进计划数	0.400	6	通过全国专利代理人资格考试人数	0.041	7
服务	0.661	6	知识产权高级人才数	0.000	5
每万件专利申请拥有知识产权服务机构数	0.437	6	有专利申请和授权的双创人才数	0.213	6
专利代理率	0.671	9			

南通市专利实力4个一级指标，没有位居全省前三位和后三位的指标；10个二级指标，只有专利行政保护一个指标排名全省前三；34个三级指标，排名全省前三位的仅6个，排名全省后三位的仅1个，南通市极优和不足的指标较少。南通市在高层次人才创新能力提升、专利代理率和专利电子申请率等方面还有较大的提升空间。

七、连云港市专利实力分项指标分析

连云港市专利实力指数为0.173，排名全省第11。如图4-7所示，连云港市专利创造、专利运用、专利保护和专利环境四个指标发展极不均衡。

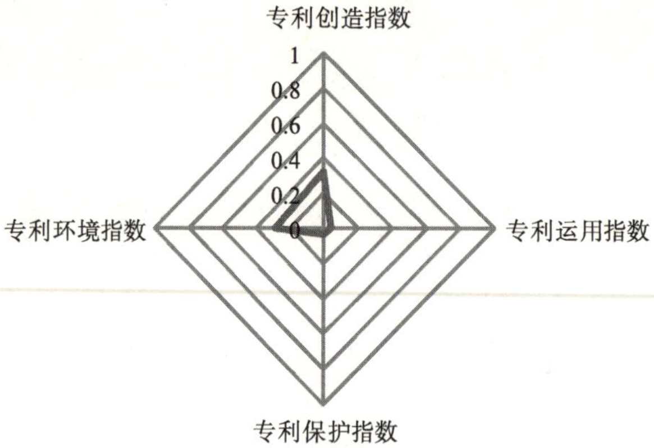

图4-7 2013年连云港市专利实力一级指标指数

连云港市专利创造指标指数最高，为0.328，排名全省第6，二级指标专利创造数量不占优势，排名全省第10，专利创造质量较好，排名全省第4，专利创造效率排名全省第7（表4-7）。专利保护指标指数最低，为0.032，排名全省第13，二级和三级指标均很弱，连云港市应借助国家知识产权示范市建设的契机，进一步加大专利行政保护和司法保护力度，为知识产权环境建设和知识产权强省建设做出贡献。

表4-7 2013年连云港市专利实力分项指标指数

专利实力指数 0.173			排名 11		
指标	指数	排名	指标	指数	排名
专利创造	0.328	6			
数量	0.182	10	高价值专利占授权发明专利比例	0.235	4
发明专利授权量	0.047	9	专利授权率	0.693	4
PCT国际专利申请量	0.049	9	专利奖获奖数量	0.118	7
战略性新兴产业专利授权量	0.021	12	**效率**	0.349	7
有专利申请高企数占高企总数比例	0.612	7	每万人口有效发明专利量	0.086	9

续表

专利实力指数 0.173			排名 11		
指标	指数	排名	指标	指数	排名
质量	0.453	4	每百双创人才发明专利授权量	0.597	3
发明专利授权量占比	0.221	4	每亿元GDP企业发明专利授权量	0.244	7
有发明专利授权企业数占有专利授权企业数比例	1.000	1	每千万元研发经费发明专利授权量	0.470	5
专利运用	0.042	13			
数量	0.010	12	专利实施计划项目数	0.000	13
专利实施许可合同备案量	0.010	12	重大科技成果转化项目数	0.208	10
效果	0.074	13	专利质押融资金额	0.013	12
专利保护	0.032	13			
行政保护	0.000	13	**司法保护**	0.064	13
查处专利侵权纠纷和假冒专利案件量	0.000	13	法院审结知识产权一审案件量	0.000	13
正版正货承诺企业数量	0.000	13	法院审结“三审合一”知识产权刑事试点案件量	0.127	11
维权援助中心举报投诉受理量	0.000	13			
专利环境	0.288	11			
管理	0.202	12	专利电子申请率	0.940	3
知识产权专项经费投入	0.029	11	**人才**	0.020	13
知识产权管理机构设置数	0.333	8	知识产权专业人才培训人数	0.016	12
省实施知识产权战略试点示范县（市、区）、园区数	0.444	8	知识产权工程师评定人数	0.043	12
企业知识产权管理标准化和战略推进计划数	0.000	13	通过全国专利代理人资格考试人数	0.041	7

续表

专利实力指数 0.173			排名 11		
指标	指数	排名	指标	指数	排名
服务	0.643	7	知识产权高级人才数	0.000	5
每万件专利申请拥有知识产权服务机构数	0.334	7	有专利申请和授权的双创人才数	0.000	13
专利代理率	0.655	11			

连云港市专利实力4个一级指标和10个二级指标，没有排名全省前三位的指标，超过60%的指标排名全省后三位；34个三级指标，排名全省前三位的仅3个，排名全省后三位15个。连云港在专利行政执法、维权援助等专利保护环境建设，新兴产业专利产出数量和质量，高层次人才专利产出等方面有很大的提升空间。

八、淮安市专利实力分项指标分析

淮安市专利实力指数为0.199，排名全省第10。如图4-8所示，淮安市专利创造、专利运用、专利保护和专利环境四个指标发展极不均衡。

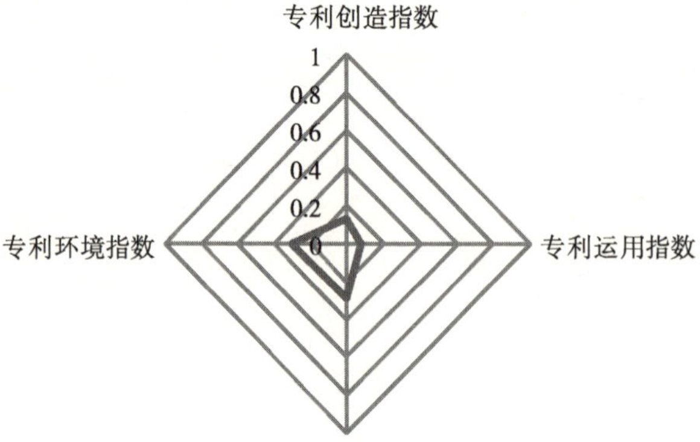

图4-8　2013年淮安市专利实力一级指标指数

淮安市专利环境指标指数最高，为0.299，排名全省第10，二级指标专利管理环境、服务环境和人才环境均不占优势，分别排名全省第10、第8、第12，三级指标知识产权管理机构设置数、专利代理率、专利电子申请率和知识产权高级人才数较好，排名全省第5至第7之间，淮安市专利环境还有很大的发展空间。专利运用指标指数最低，为0.071，排名全省第11，二级、三级指标指数排名较为均衡，排名位于全省第10至第13之间。淮安市可以探索专利运用新模式，加强专利与金融资本的结合，积极引导企业开展专利保险、运营等业务，促进专利产业化、市场化。

表4-8　2013年淮安市专利实力分项指标指数

专利实力指数 0.199			排名 10		
指标	指数	排名	指标	指数	排名
专利创造	0.133	13			
数量	0.029	13	高价值专利占授权发明专利比例	0.037	9
发明专利授权量	0.045	11	专利授权率	0.114	12
PCT国际专利申请量	0.034	12	专利奖获奖数量	0.000	12
战略性新兴产业专利授权量	0.035	11	效率	0.222	9
有专利申请高企数占高企总数比例	0.000	13	每万人口有效发明专利量	0.053	11
质量	0.147	10	每百双创人才发明专利授权量	0.329	6
发明专利授权量占比	0.199	6	每亿元GDP企业发明专利授权量	0.120	9
有发明专利授权企业数占有专利授权企业数比例	0.387	8	每千万元研发经费发明专利授权量	0.384	7
专利运用	0.071	11			
数量	0.058	10	专利实施计划项目数	0.250	10
专利实施许可合同备案量	0.058	10	重大科技成果转化项目数	0.000	13

续表

专利实力指数 0.199			排名 10		
指标	指数	排名	指标	指数	排名
效果	0.083	12	专利质押融资金额	0.000	13
专利保护	0.291	7			
行政保护	0.377	6	**司法保护**	0.204	9
查处专利侵权纠纷和假冒专利案件量	0.130	9	法院审结知识产权一审案件量	0.056	12
正版正货承诺企业数量	1.000	1	法院审结“三审合一”知识产权刑事试点案件量	0.352	7
维权援助中心举报投诉受理量	0.000	7			
专利环境	0.299	10			
管理	0.240	10	专利电子申请率	0.888	7
知识产权专项经费投入	0.000	13	**人才**	0.030	12
知识产权管理机构设置数	0.500	6	知识产权专业人才培训人数	0.028	11
省实施知识产权战略试点示范县（市、区)、园区数	0.333	10	知识产权工程师评定人数	0.087	10
企业知识产权管理标准化和战略推进计划数	0.127	11	通过全国专利代理人资格考试人数	0.007	12
服务	0.627	8	知识产权高级人才数	0.000	5
每万件专利申请拥有知识产权服务机构数	0.234	10	有专利申请和授权的双创人才数	0.027	12
专利代理率	0.758	6			

淮安市专利实力4个一级指标和10个二级指标，没有排名全省前三位的指标，排名全省后三位的5个；34个三级指标，排名全省前三位的仅1个，排名全省后三位的15个。淮安市在创新主体，尤其是高新技术企业和战略性新兴产业企业专利产出数量和质量、专利许可转让等运用能力提升、专利专项经费投入方面有很大的提升空间。

九、盐城市专利实力分项指标分析

盐城市专利实力指数为0.151，排名全省第12。如图4-9所示，盐城市专利创造、专利运用、专利保护和专利环境四个指标发展较均衡。

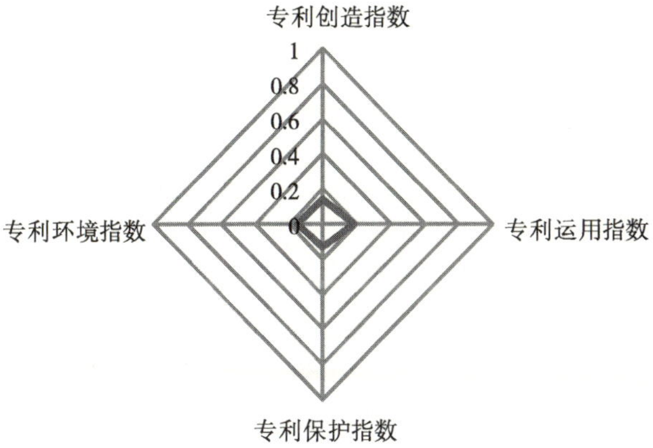

图4-9　2013年盐城市专利实力一级指标指数

盐城市专利运用指标指数最高，为0.183，排名全省第10，二级和三级指标中，较好的是专利质押融资金额，排名全省第5，处于全省中上等水平（表4-9）。专利保护指标指数最低，为0.129，排名全省第11，二级和三级指标中，较好的是法院审结“三审合一”知识产权刑事试点案件量，排名全省第8。

表4-9　2013年盐城市专利实力分项指标指数

<table>
<tr><td colspan="3">专利实力指数　0.151</td><td colspan="3">排名　12</td></tr>
<tr><td>指标</td><td>指数</td><td>排名</td><td>指标</td><td>指数</td><td>排名</td></tr>
<tr><td>专利创造</td><td>0.139</td><td>12</td><td></td><td></td><td></td></tr>
<tr><td>数量</td><td>0.177</td><td>11</td><td>高价值专利占授权发明专利比例</td><td>0.012</td><td>12</td></tr>
</table>

续表

专利实力指数 0.151			排名 12		
指标	指数	排名	指标	指数	排名
发明专利授权量	0.046	10	专利授权率	0.000	13
PCT国际专利申请量	0.036	11	专利奖获奖数量	0.118	7
战略性新兴产业专利授权量	0.061	10	**效率**	0.120	13
有专利申请高企数占高企总数比例	0.564	8	每万人口有效发明专利量	0.044	12
质量	0.120	12	每百双创人才发明专利授权量	0.250	9
发明专利授权量占比	0.195	7	每亿元GDP企业发明专利授权量	0.097	12
有发明专利授权企业数占有专利授权企业数比例	0.277	10	每千万元研发经费发明专利授权量	0.087	11
专利运用	0.183	10			
数量	0.058	10	专利实施计划项目数	0.250	10
专利实施许可合同备案量	0.058	10	重大科技成果转化项目数	0.250	8
效果	0.307	9	专利质押融资金额	0.422	5
专利保护	0.129	11			
行政保护	0.093	10	**司法保护**	0.165	11
查处专利侵权纠纷和假冒专利案件量	0.103	10	法院审结知识产权一审案件量	0.076	10
正版正货承诺企业数量	0.175	9	法院审结“三审合一”知识产权刑事试点案件量	0.254	8
维权援助中心举报投诉受理量	0.000	7			
专利环境	0.151	13			
管理	0.266	9	专利电子申请率	0.000	13
知识产权专项经费投入	0.038	10	**人才**	0.103	8

续表

专利实力指数 0.151			排名 12		
指标	指数	排名	指标	指数	排名
知识产权管理机构设置数	0.667	4	知识产权专业人才培训人数	0.073	8
省实施知识产权战略试点示范县（市、区)、园区数	0.000	13	知识产权工程师评定人数	0.217	6
企业知识产权管理标准化和战略推进计划数	0.360	7	通过全国专利代理人资格考试人数	0.014	11
服务	0.083	13	知识产权高级人才数	0.000	5
每万件专利申请拥有知识产权服务机构数	0.250	8	有专利申请和授权的双创人才数	0.213	6
专利代理率	0.000	13			

盐城市专利实力4个一级指标和10个二级指标，没有排名全省前三位的指标，近60%的指标排名全省后三位；34个三级指标，没有排名全省前三位的指标，排名全省后三位的达10个。盐城市可在重点企业，尤其是双创人才所在企业的专利产出效率提升、专利数量和质量提升、专利服务机构数量和能力提升等方面多做工作。

十、扬州市专利实力分项指标分析

扬州市专利实力指数为0.344，排名全省第7。如图4-10所示，扬州市专利创造、专利运用、专利保护和专利环境四个指标发展不均衡。

扬州市专利运用指标指数最高，为0.454，排名全省第6，二级和三级指标指数排名较为均衡，排名位于全省第5至第7之间（表4-10)。专利保护指标指数最低，为0.233，排名全省第9，三级指标查处专利侵权纠纷和假冒专利案件量很弱，排名全省第12，法院审结“三审合一”知识产权刑事试点案件量指标指数较好，排名全省第3。

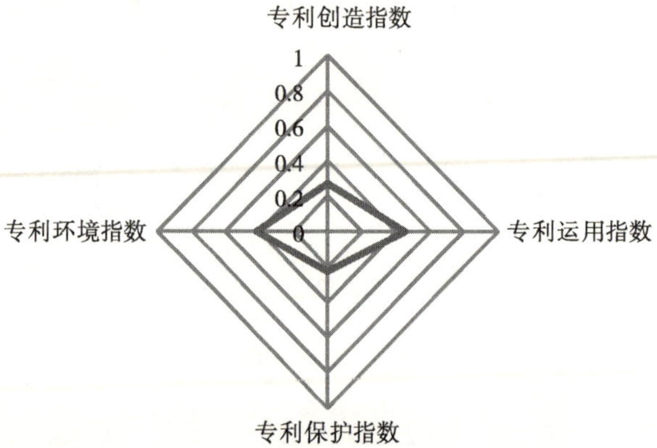

图4-10　2013年扬州市专利实力一级指标指数

表4-10　2013年扬州市专利实力分项指标指数

专利实力指数 0.344			排名 7		
指标	指数	排名	指标	指数	排名
专利创造	0.271	8			
数量	0.267	7	高价值专利占授权发明专利比例	0.025	11
发明专利授权量	0.072	8	专利授权率	0.389	7
PCT国际专利申请量	0.047	10	专利奖获奖数量	0.029	11
战略性新兴产业专利授权量	0.132	8	**效率**	0.374	6
有专利申请高企数占高企总数比例	0.815	4	每万人口有效发明专利量	0.156	7
质量	0.173	9	每百双创人才发明专利授权量	1.000	1
发明专利授权量占比	0.088	10	每亿元GDP企业发明专利授权量	0.215	8
有发明专利授权企业数占有专利授权企业数比例	0.334	9	每千万元研发经费发明专利授权量	0.126	10

续表

专利实力指数　0.344			排名　7		
指标	指数	排名	指标	指数	排名
专利运用	0.454	6			
数量	0.346	5	专利实施计划项目数	0.750	5
专利实施许可合同备案量	0.346	5	重大科技成果转化项目数	0.542	5
效果	0.561	5	专利质押融资金额	0.390	7
专利保护	0.233	9			
行政保护	0.147	9	**司法保护**	0.318	5
查处专利侵权纠纷和假冒专利案件量	0.027	12	法院审结知识产权一审案件量	0.184	8
正版正货承诺企业数量	0.413	7	法院审结“三审合一”知识产权刑事试点案件量	0.451	3
维权援助中心举报投诉受理量	0.000	7			
专利环境	0.418	5			
管理	0.271	8	专利电子申请率	0.664	12
知识产权专项经费投入	0.052	9	**人才**	0.223	4
知识产权管理机构设置数	0.167	11	知识产权专业人才培训人数	0.040	9
省实施知识产权战略试点示范县（市、区）、园区数	0.556	5	知识产权工程师评定人数	0.609	4
企业知识产权管理标准化和战略推进计划数	0.307	8	通过全国专利代理人资格考试人数	0.041	7
服务	0.759	3	知识产权高级人才数	0.000	5
每万件专利申请拥有知识产权服务机构数	0.749	2	有专利申请和授权的双创人才数	0.427	4
专利代理率	0.864	4			

扬州市专利创造效率指标下每百双创人才发明专利授权量、专利服务

环境指标下每万件专利申请拥有知识产权服务机构数和专利司法保护指标下法院审结“三审合一”知识产权刑事试点案件量很占优势，均排名全省前三位。

扬州市专利实力4个一级指标和10个二级指标，排名全省前三位的1个，为专利服务环境指标，没有排名全省后三位的指标；34个三级指标，排名全省前三位的3个，排名全省后三位的5个，扬州市极优和不足的指标较少。扬州市在专利质量提升、高价值专利培育、专利电子申请率等方面有很大的提升空间。

十一、镇江市专利实力分项指标分析

镇江市专利实力指数为0.406，排名全省第6。如图4-11所示，镇江市专利创造、专利运用、专利保护和专利环境四个指标发展较均衡。

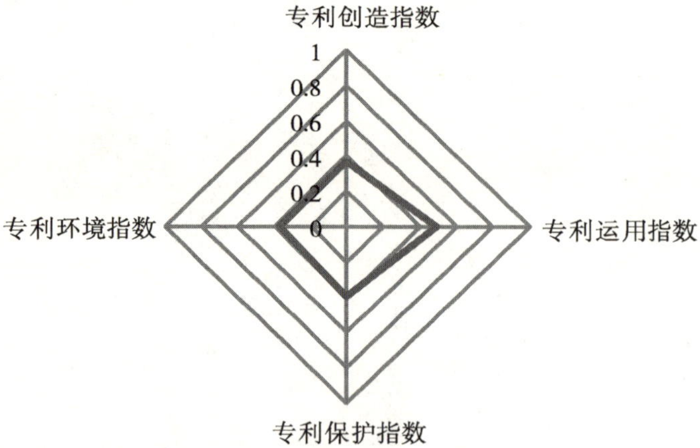

图4-11　2013年镇江市专利实力一级指标指数

镇江市专利运用指标指数最高，为0.489，排名全省第5，三级指标专利质押融资金额指数为1.000，排名全省第1，这一成绩的取得与2013年镇江市依托市生产力促进中心建设市专利交易市场和网上交易平台，扩大知识产权质押融资业务覆盖面有着密切的关系。专利创造指标指数最低，为0.365，排名全省第4，处于全省中上等水平，三级指标专利授权率和每百双创人才发明专利授权量较弱，分别排名全省第9、第11。

表4-11　2013年镇江市专利实力分项指标指数

专利实力指数 0.406			排名 6		
指标	指数	排名	指标	指数	排名
专利创造	0.365	4			
数量	0.327	5	高价值专利占授权发明专利比例	0.160	6
发明专利授权量	0.173	5	专利授权率	0.332	9
PCT国际专利申请量	0.108	6	专利奖获奖数量	0.147	6
战略性新兴产业专利授权量	0.140	7	**效率**	0.413	5
有专利申请高企数占高企总数比例	0.887	2	每万人口有效发明专利量	0.447	5
质量	0.355	5	每百双创人才发明专利授权量	0.198	11
发明专利授权量占比	0.324	2	每亿元GDP企业发明专利授权量	0.457	5
有发明专利授权企业数占有专利授权企业数比例	0.810	4	每千万元研发经费发明专利授权量	0.550	3
专利运用	0.489	5			
数量	0.284	8	专利实施计划项目数	0.750	5
专利实施许可合同备案量	0.284	8	重大科技成果转化项目数	0.333	7
效果	0.694	4	专利质押融资金额	1.000	1
专利保护	0.393	5			
行政保护	0.569	4	**司法保护**	0.216	8
查处专利侵权纠纷和假冒专利案件量	0.499	4	法院审结知识产权一审案件量	0.234	7

续表

专利实力指数 0.406			排名 6		
指标	指数	排名	指标	指数	排名
正版正货承诺企业数量	0.476	6	法院审结“三审合一”知识产权刑事试点案件量	0.197	9
维权援助中心举报投诉受理量	0.733	2			
专利环境	0.376	8			
管理	0.362	7	专利电子申请率	0.939	4
知识产权专项经费投入	0.178	4	**人才**	0.199	5
知识产权管理机构设置数	0.167	11	知识产权专业人才培训人数	0.307	5
省实施知识产权战略试点示范县（市、区）、园区数	0.556	5	知识产权工程师评定人数	0.000	13
企业知识产权管理标准化和战略推进计划数	0.547	4	通过全国专利代理人资格考试人数	0.116	5
服务	0.566	12	知识产权高级人才数	0.267	3
每万件专利申请拥有知识产权服务机构数	0.000	13	有专利申请和授权的双创人才数	0.307	5
专利代理率	0.760	5			

镇江市专利服务环境指标下每万件专利申请拥有知识产权服务机构数和专利人才环境指标下知识产权工程师评定人数较弱，均排名全省第13，在一定程度上反映出镇江市知识产权服务机构和专业人才相对匮乏。

镇江市专利实力4个一级指标和10个二级指标，没有排名全省前三位的指标，排名全省后三位的仅1个，为专利服务环境指标；34个三级指标，排名全省前三位的6个，排名全省后三位的4个，镇江市极优和不足的指标较少，专利事业发展较为均衡。镇江市在本土知识产权服务机构培育、高层次人才创新效能、知识产权管理机构设置等方面还有很大的提升空间。

十二、泰州市专利实力分项指标分析

泰州市专利实力指数为0.286，排名全省第8。如图4-12所示，泰州市专利创造、专利运用、专利保护和专利环境四个指标发展不均衡。

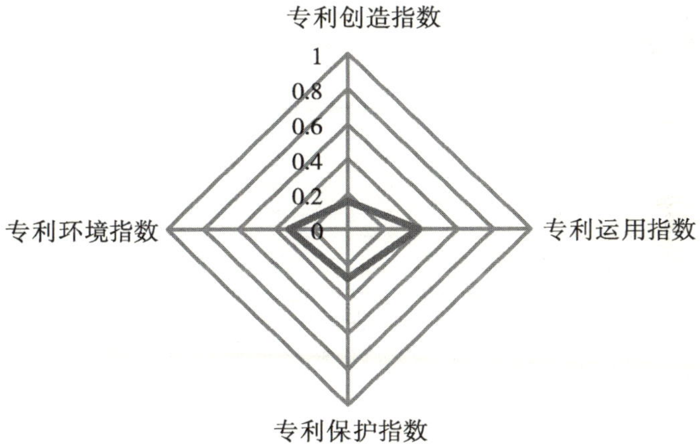

图4-12 2013年泰州市专利实力一级指标指数

泰州市专利运用指标指数最高，为0.383，排名全省第8，但三级指标专利实施计划项目数排名全省第1，走在了全省前列（表4-12）。专利创造指标指数最低，为0.154，排名全省第11，二级、三级指标中仅每百双创人才发明专利授权量较好，排名全省第4。

表4-12 2013年泰州市专利实力分项指标指数

专利实力指数 0.286			排名 8		
指标	指数	排名	指标	指数	排名
专利创造	0.154	11			
数量	0.172	12	高价值专利占授权发明专利比例	0.062	8
发明专利授权量	0.038	12	专利授权率	0.117	11

续表

专利实力指数 0.286			排名 8		
指标	指数	排名	指标	指数	排名
PCT国际专利申请量	0.058	8	专利奖获奖数量	0.088	9
战略性新兴产业专利授权量	0.098	9	**效率**	0.170	11
有专利申请高企数占高企总数比例	0.493	10	每万人口有效发明专利量	0.133	8
质量	0.120	13	每百双创人才发明专利授权量	0.438	4
发明专利授权量占比	0.063	12	每亿元GDP企业发明专利授权量	0.110	11
有发明专利授权企业数占有专利授权企业数比例	0.270	11	每千万元研发经费发明专利授权量	0.000	13
专利运用	0.383	8			
数量	0.298	7	专利实施计划项目数	1.000	1
专利实施许可合同备案量	0.298	7	重大科技成果转化项目数	0.208	10
效果	0.468	8	专利质押融资金额	0.197	8
专利保护	0.282	8			
行政保护	0.374	7	**司法保护**	0.190	10
查处专利侵权纠纷和假冒专利案件量	0.235	7	法院审结知识产权一审案件量	0.183	9
正版正货承诺企业数量	0.175	9	法院审结“三审合一”知识产权刑事试点案件量	0.197	9
维权援助中心举报投诉受理量	0.711	3			
专利环境	0.326	9			
管理	0.230	11	专利电子申请率	0.923	6
知识产权专项经费投入	0.083	7	**人才**	0.133	7

续表

专利实力指数　0.286			排名　8		
指标	指数	排名	指标	指数	排名
知识产权管理机构设置数	0.333	8	知识产权专业人才培训人数	0.080	7
省实施知识产权战略试点示范县（市、区）、园区数	0.222	12	知识产权工程师评定人数	0.435	5
企业知识产权管理标准化和战略推进计划数	0.280	9	通过全国专利代理人资格考试人数	0.041	7
服务	0.614	9	知识产权高级人才数	0.000	5
每万件专利申请拥有知识产权服务机构数	0.471	5	有专利申请和授权的双创人才数	0.107	8
专利代理率	0.449	12			

泰州市专利实力4个一级指标和10个二级指标，没有排名全省前三位的指标，排名全省后三位的5个；34个三级指标，排名全省前三位的仅2个，排名全省后三位的8个，说明泰州市极优的指标较少，不足的指标不多。泰州市在高新技术企业专利产出、全市专利质量提升、专利保护环境创建、专利服务机构服务能力等方面有较大的提升空间。

十三、宿迁市专利实力分项指标分析

宿迁市专利实力指数为0.151，排名全省第12。如图4-13所示，宿迁市专利创造、专利运用、专利保护和专利环境四个指标发展极不均衡。

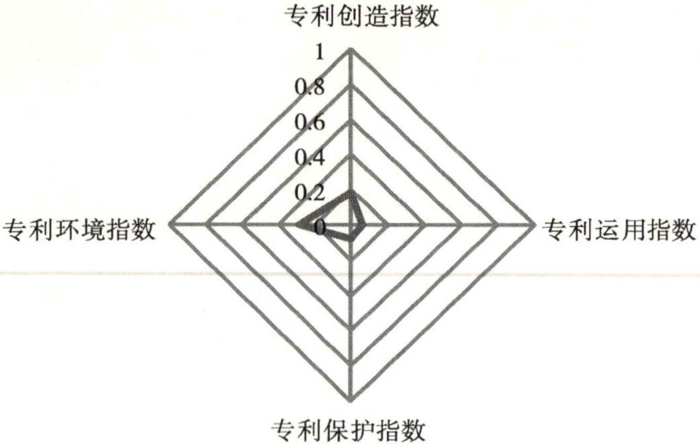

图4-13 2013年宿迁市专利实力一级指标指数

宿迁市专利环境指标指数最高，为0.287，排名全省第12，但三级指标专利代理率和专利电子申请率排名全省第1，走在了全省前列，在一定程度上说明宿迁市在专利申请过程中，充分运用了专业的代理资源和便捷的电子申报方式。专利运用指标指数最低，为0.056，排名全省第12，二级和三级指标中，指数排名较为均衡，排名位于全省第10至第13之间。

表4-13 2013年宿迁市专利实力分项指标指数

专利实力指数 0.151			排名 12		
指标	指数	排名	指标	指数	排名
专利创造	0.183	10			
数量	0.220	9	高价值专利占授权发明专利比例	0.000	13
发明专利授权量	0.000	13	专利授权率	0.647	5
PCT国际专利申请量	0.000	13	专利奖获奖数量	0.000	12
战略性新兴产业专利授权量	0.000	13	**效率**	0.199	10
有专利申请高企数占高企总数比例	0.881	3	每万人口有效发明专利量	0.000	13

续表

专利实力指数 0.151			排名 12		
指标	指数	排名	指标	指数	排名
质量	0.129	11	每百双创人才发明专利授权量	0.793	2
发明专利授权量占比	0.000	13	每亿元GDP企业发明专利授权量	0.000	13
有发明专利授权企业数占有专利授权企业数比例	0.000	13	每千万元研发经费发明专利授权量	0.003	12
专利运用	0.056	12			
数量	0.000	13	专利实施计划项目数	0.250	10
专利实施许可合同备案量	0.000	13	重大科技成果转化项目数	0.042	12
效果	0.111	11	专利质押融资金额	0.040	11
专利保护	0.077	12			
行政保护	0.054	12	**司法保护**	0.099	12
查处专利侵权纠纷和假冒专利案件量	0.036	11	法院审结知识产权一审案件量	0.070	11
正版正货承诺企业数量	0.127	11	法院审结“三审合一”知识产权刑事试点案件量	0.127	11
维权援助中心举报投诉受理量	0.000	7			
专利环境	0.287	12			
管理	0.138	13	专利电子申请率	1.000	1
知识产权专项经费投入	0.016	12	**人才**	0.033	11
知识产权管理机构设置数	0.000	13	知识产权专业人才培训人数	0.000	13
省实施知识产权战略试点示范县（市、区）、园区数	0.444	8	知识产权工程师评定人数	0.087	10
企业知识产权管理标准化和战略推进计划数	0.093	12	通过全国专利代理人资格考试人数	0.000	13

续表

专利实力指数 0.151			排名 12		
指标	指数	排名	指标	指数	排名
服务	0.690	5	知识产权高级人才数	0.000	5
每万件专利申请拥有知识产权服务机构数	0.070	11	有专利申请和授权的双创人才数	0.080	9
专利代理率	1.000	1			

宿迁市专利实力4个一级指标和10个二级指标，没有排名全省前三位的指标，超过70%的指标排名全省后三位；34个三级指标，排名全省前三位的4个，排名全省后三位的多达23个。宿迁市可从知识产权人才培训和企业专利保护意识培养着手，强化创新主体尤其是高新技术企业、龙头企业专利保护意识，引入知识产权服务机构，逐步提升专利产出数量和质量，在培育高价值专利的同时，积极探索专利运用新模式，逐步开展专利保险、质押融资、专利运营等高端业务。

第五章 附 录

一、江苏省专利实力指标体系与解释

（一）指标筛选原则

江苏专利实力指数报告借鉴了《全国专利实力状况报告》中的指标筛选原则：客观性、普遍性、持续性和易获取性，同时依据独立性原则、量和率相结合原则选取指标，以反映全省十三市专利实力的基本状况。

（1）客观性：坚持选择客观定量指标，减少主观定性指标；选取来自公开统计年鉴、行政记录的指标，避免主观、随意现象出现。

（2）普遍性：坚持选取各地区普遍共有的专利发展状况指标，便于地区间横向比较，反映差异及整体情况。

（3）持续性：注重选取具有可持续性、相对稳定的指标，便于年度推进，以反映全省各地区年度专利实力状况的发展变化。

（4）易获取性：注重选取简单易懂和易获取的数据指标，避免纳入过多需经核算的复杂指标。

（5）独立性：坚持选取相关程度低的指标，避免指标之间显见的包容关系。对于相关联的指标，尽可能选择其中一个指标来说明专利实力的某个方面，对隐含的相关关系，设法以适当的方法予以消除。

（6）量和率相结合：既要选取反映江苏专利实力的绝对强度的量指标，也要选取反映江苏专利实力的相对强度的率指标。

（二）指标体系结构

本报告采用综合评价指数法对我省地区专利实力进行分析。综合评价指数法包括线性加权评价模型、乘法评价模型、加乘混合评价模型等几种形式。本报告的指标体系各指标重要程度相当，且指标间相互独立，各指标只影响综合评价值，因此采用线性加权评价模型进行计算。

各指标度量了地区专利实力的不同层面，其重要程度难以精确区分，为了既考虑客观情况又符合通行规则，各指标在确定权数时按照不同层级取相同权数，即专利实力指标体系总分为1，专利创造、运用、保护和环境4个一级指标所占权数分别为1/4，6个二级指标专利创造数量、创造质量、创造效率、管理环境、服务环境和人才环境所占权数分别为1/12，4个二级指标专利运用数量、运用效果、行政保护和司法保护所占权数分别为1/8。江苏省专利实力指标体系详见表5-1。

表5-1 江苏省专利实力指标体系

一级指标	二级指标	三级指标		
		序号	单位	名称
创造	数量	1	件	发明专利授权量
		2	件	PCT国际专利申请量
		3	件	战略性新兴产业专利授权量
		4	%	有专利申请高企数占高企总数比例
	质量	5	%	发明专利授权量占比
		6	%	有发明专利授权企业数占有专利授权企业数比例
		7	%	高价值专利占授权发明专利比例
		8	%	专利授权率
		9	项	专利奖获奖数量
	效率	10	件	每万人口有效发明专利量
		11	件	每百双创人才发明专利授权量
		12	件	每亿元GDP企业发明专利授权量
		13	件	每千万元研发经费发明专利授权量

续表

一级指标	二级指标	三级指标		
		序号	单位	名称
运用	数量	14	份	专利实施许可合同备案量
	效果	15	项	专利实施计划项目数
		16	项	重大科技成果转化项目数
		17	万元	专利质押融资金额
保护	行政保护	18	件	查处专利侵权纠纷和假冒专利案件数
		19	家	正版正货承诺企业数量
		20	人次	维权援助中心举报投诉受理量
	司法保护	21	件	法院审结知识产权一审案件量
		22	件	法院审结“三审合一”知识产权刑事试点案件量
环境	管理	23	万元	知识产权专项经费投入
		24	个	知识产权管理机构设置数
		25	家	省实施知识产权战略试点示范县（市、区），园区数
		26	家	企业知识产权管理标准化和战略推进计划数
	服务	27	家	每万件专利申请拥有知识产权服务机构数
		28	%	专利代理率
		29	%	专利电子申请率
	人才	30	人	知识产权专业人才培训人数
		31	人	知识产权工程师评定人数
		32	人	通过全国专利代理人资格考试人数
		33	人	知识产权高级人才数
		34	人	有专利申请和授权的双创人才数

（三）指标解释

（1）专利实力：指一定时期区域内支撑经济社会发展的专利能力的总和，是各科技创新要素相互作用的结果，是区域科技创新结构优化与功能发挥程度的集中反映。专利实力不仅包括区域内专利申请、授权及拥有状况，还应包括专利实施、转化等运用状况，以及维护专利权不受侵犯的专利保护实力和支持专利发展的专利环境实力。

（2）专利创造实力：指一定时期区域内各类创新主体通过自主研发而形成的对专利资源的获取能力，集中体现在专利申请、授权及拥有等专利产出量方面。专利创造具有创造性、连续和积累性、效益性、风险性等特征。

（3）专利运用实力：指一定时期区域内在技术创新、转移和扩散过程中，作为专利权人依法运用专利，谋求或取得相应竞争优势或收益的能力。专利运用是链接知识链和价值链的必然途径，主要包括专利商品化、产业化和资本化等方式。

（4）专利保护实力：指一定时期区域内在技术创新、转移和扩散过程中，对技术创新成果采取合理的专利保护方式，同时作为权利人采取协商、行政申诉或司法途径预防和制止专利侵权行为的能力。目前，我国已经形成了行政保护和司法保护“两条途径,互相配合”的专利保护模式。

（5）专利环境实力：指一定时期区域内在专利创造、运用和保护全过程中，专利行政管理机构、社会服务机构、各类专利专业人才提供的有效支撑专利发展的能力。专利环境是专利发展的平台，主要包括专利管理环境、专利服务环境和专利人才环境三个方面。

（6）PCT国际专利申请量：PCT是《专利合作条约》（*Patent Cooperation Treaty*）的英文缩写，是有关专利的国际条约。PCT国际专利申请量是指一定时期，专利申请人就一项发明创造在《专利合作条约》缔约国获得专利保护时，按照规定的程序向某一缔约国的专利主管部门提出专利申请的数量。

（7）战略性新兴产业专利授权量：战略性新兴产业是指建立在重大前沿科技突破基础上，代表未来科技和产业发展新方向，体现当今世界知识经济、循环经济、低碳经济发展潮流，目前尚处于成长初期、未来发展潜力巨大，对经济社会具有全局带动和重大引领作用的产业，主要包括新能源、新材料、生物技术和新医药产业、节能环保、新一代信息技术与软件业、服务外包、物联网产业与云计算、新能源汽车、智能电网、高端装备制造、海洋工程装备产业。战略性新兴产业专利授权量是指一定时期，战略性新兴产业领域经国家知识产权行政管理部门授权的专利件数，是发明、实用新型两种专利授权量的总和。

（8）高价值专利占授权发明专利比例：高价值专利具有发明创新难度大、专利文献披露度高、同族专利数量多、权利要求保护范围宽及技术适用方案程度广等特征。我省高价值专利培育计划将抓好检索分析、规划布局、撰写确权、组合增值和标准制定五个环节，重点围绕高新技术领域、战略性新兴产业链布局专利，提升我省知识产权自身价值。高价值专利占授权发明专利比例是指一定时期，在授权发明专利中，通过权利要求数、专利代理情况、技术适用范围以及专利申请地区数等角度筛选出的高价值专利的比例。

（9）专利授权率：指一定时期，专利申请的数量在今后一段时期（3年/5年）获得国家知识产权行政管理部门授权数量的比例。由于专利授权率的计算相对滞后，本报告采用模糊处理，其计算公式为：2013年专利授权率=（2011、2012和2013年专利授权量平均值）/（2011、2012和2013年专利申请量平均值）×100%。

（10）专利奖获奖数量：专利奖评奖宗旨是为了引导和推进知识产权工作对创新型国家/省份建设，以及促进经济发展方式转变发挥重要作用，鼓励和表彰专利权人和发明人（设计人）对技术（设计）创新及经济社会发展做出的突出贡献。目前，国家知识产权局和省局均开展了专利奖评选工作，本报告中的专利奖获奖数量=国家级专利奖获奖数量+省级专利奖获奖数量。

（11）每万人口有效发明专利量：指截至报告期末，地区每万人拥有的经国家知识产权行政管理部门授权且在有效期内的发明专利件数，是反映一个国家和地区自主创新产出和科技竞争实力的重要指标。其计算公式为：每万人口有效发明专利量=年末有效发明专利量/年末常住人口数。

（12）每百双创人才发明专利授权量：双创人才即江苏省高层次创新创业人才。2007年以来，江苏省财政每年拿出专项资金，组织实施“江苏省高层次创新创业人才引进计划”，围绕本省优先发展的重点产业，每年面向海内外引进200名左右高层次创新创业人才或团队，一次性给予资金支持，着力打造一批竞争优势明显的高新技术产品群和企业群。每百双创人才发明专利授权量是指截至报告期末，每一百名高层次创新创业人才获得的经国家知识产权行政管理部门授权的发明专利件数。

（13）每亿元GDP企业发明专利授权量：指一定时期，单位生产总值（亿元）企业获得的经国家知识产权行政管理部门授权的发明专利件数。

（14）每千万元研发经费发明专利授权量：指一定时期，单位研发经费（千万元）获得的经国家知识产权行政管理部门授权的发明专利件数。

（15）专利实施许可合同备案量：专利实施许可合同备案是指国家知识产权局为了切实保护专利权，规范交易行为，促进专利实施而对专利实施许可进行管理的一种行政手段。根据《中华人民共和国专利法实施细则》第十五条和国家知识产权局第18号局长令，专利实施许可合同中的当事人应当在合同生效日起3个月内到国家知识产权局或地方知识产权局办理备案。对备案审查合格的专利实施许可合同，国家知识产权局或地方知识产权局将给予备案合格通知书及备案号、备案日期，并将通知书送交当事人。专利实施许可合同备案量指一定时期，到国家知识产权局或地方知识产权局办理过专利实施许可合同备案的数量。

（16）专利实施计划项目数：专利实施计划项目是省局为实施创新驱动战略、推进知识产权强省建设、大力推动专利转化实施和专利运营工作而设置的年度申报项目。专利实施计划项目数是指依据《江苏省知识产权创造与运用专项资金使用管理办法》（苏财规〔2011〕21号）的要求及省局申报专利实施计划的通知进行项目申报并获得批准的项目数量。

（17）重大科技成果转化项目数：重大科技成果转化项目是省科技厅围绕我省产业跨越和经济社会协调发展的重大需求，推进具有自主知识产权、市场容量大、产业带动性强的成果实施转化的年度申报项目。重大科技成果转化项目数是指依据省科技成果转化专项资金项目指南及组织申报项目的通知进行项目申报并经审查通过的项目数量。

（18）专利质押融资金额：指企业或个人以合法拥有的专利权中的财产权经评估后作为质押物，向银行申请融资的金额。

（19）法院审结“三审合一”知识产权刑事试点案件量：“三审合一”是一种新型知识产权案件审判模式，指知识产权民事、行政和刑事案件统一由一个审判庭集中审理。法院审结“三审合一”知识产权刑事试点案件量是指一定时期，法院审理结案的“三审合一”知识产权刑事试点案件的数量。

（20）知识产权专项经费投入：指一定时期，各市知识产权局用于知识产权创造与运用、保护、管理、服务等方面专项工作的资金投入，包含市本级和下属县（市、区）知识产权专项经费两部分。

（21）知识产权管理机构设置数：指截至报告期末，各省辖市，县（市、区）设置知识产权管理机构（知识产权局）的数量。

（22）省实施知识产权战略试点示范县（市、区)、园区数：指截至报告期末，依据《江苏省实施知识产权战略区域试点示范工作方案》和省局开展实施知识产权战略试点示范工作的通知申报并获得评定的县（市、区)、园区数量。

（23）企业知识产权管理标准化和战略推进计划数：企业知识产权管理标准化是省局为推动江苏省地方标准《企业知识产权管理规范》的贯彻执行，引导和鼓励企业积极开展知识产权管理标准化示范创建活动，提升知识产权综合管理能力而开展的一项年度申报工作。战略推进计划是省局为推进企业建立和实施知识产权战略而开展的一项年度申报工作。企业知识产权管理标准化和战略推进计划数是指一定时期，企业依据《江苏省企业知识产权管理标准化示范创建及奖励暂行办法》开展知识产权管理标准化示范创建工作和承担企业知识产权战略推进计划的单位数量。

（24）每万件专利申请拥有知识产权服务机构数：知识产权服务指对专利、商标、版权、著作权、软件、集成电路布图设计等的代理、转让、登记、鉴定、评估、认证、咨询、检索等活动。知识产权服务是一项既包含法律服务，又包含专业技术服务的特殊服务，主要涉及：信息服务，如检索分析、数据库建设；代理服务与法律服务，如申请、注册、登记、维权诉讼；运用转化服务，如评估、交易、质押融资、托管、经营；咨询服务，如预警分析、管理咨询、战略制定；培训服务等。每万件专利申请拥有知识产权服务机构数是指每万件专利申请拥有的提供知识产权服务的机构数量，包含营利性服务机构和非营利性服务机构。

（25）专利代理率：指一定时期，通过国家知识产权和省知识产权行政管理部门备案的专利代理机构代理的专利申请数量占专利申请总量的比例。

（26）专利电子申请率：指一定时期，以互联网为传输媒介将专利申请文件以符合规定的电子文件形式向国家知识产权局提出申请的专利数量占专利申请总量的比例。

（27）知识产权专业人才培训人数：指一定时期，全省专利行政执法培训人数和知识产权工程师培训人数。

（28）知识产权工程师评定人数：知识产权工程师评定是省局开展的知识产权专业高级、中级专业技术资格评审工作。知识产权工程师评定人数是指企业、事业单位及其他社会组织（不含国家机关工作人员）中从事知识产权工作的人员依据《江苏省知识产权专业高级工程师、工程师资格条件（试行）》（苏职称办〔2006〕12号）向省局递交申报材料并评审通过的人员数量。

（29）知识产权高级人才数：指截至报告期末，全省入列国家知识产权专家库、全国知识产权领军人才和国家“百千万知识产权人才工程”高层次人才培养计划的人才数量。

二、江苏省专利实力指数计算方法

本报告采用综合评价指数法对各级指标进行合成。各级指标经标准化后均可称为“指数”，计算方法如下：

（1）各三级指标按照以下规则标准化，得到三级指标的指数y_{ij}，

$$y_{ij}=\frac{x_{ij}-\min\limits_{1\leqslant i\leqslant 13}x_{ij}}{\max\limits_{1\leqslant i\leqslant 13}x_{ij}-\min\limits_{1\leqslant i\leqslant 13}x_{ij}}$$

其中，y_{ij}为第j个指标转化后的值；$\max x_{ij}$为最大样本值；$\min x_{ij}$为最小样本值；x_{ij}为原始值。

若三级指标为逆向指标，则有

$$y_{ij}=\frac{\max\limits_{1\leqslant i\leqslant 13}x_{ij}-x_{ij}}{\max\limits_{1\leqslant i\leqslant 13}x_{ij}-\min\limits_{1\leqslant i\leqslant 13}x_{ij}}$$

其中，y_{ij}为第j个指标转化后的值；$\max x_{ij}$为最大样本值；$\min x_{ij}$为最小样本值；x_{ij}为原始值。

（2）二级指标指数$z_{i.}$由三级指标指数加权综合而成，

$$z_{i.}=\sum_{j=1}^{n_i}w_{ij}y_{ij}$$

其中，w_{ij}为各三级指标监测值相应的权重；n_i为第i个二级指标下设三

级指标的个数。

（3）一级指标指数Y由二级指标指数加权综合而成，计算方法如下：

$$Y=\sum_{i=1}^{n}w_{i.}z_{i.}$$

其中，$w_{i.}$为各二级指标指数的权重，n为一级指标下设二级指标的个数。